U0584789

"十四五"职业教育国家规划教材

行水云课数字教材
高等职业教育
水利类新形态一体化教材

水利工程制图

（第五版）

主　编　庞　璐　沈蓓蓓　李炽岚
副主编　李　丽　刘庭想　余丹丹
参　编　贺荣兵　陈丽娟

中国水利水电出版社
www.waterpub.com.cn

·北京·

内 容 提 要

本书为"十四五"职业教育国家规划教材，是高等职业教育水利类新形态一体化教材，是以《高等职业教育水利工程制图教学基础要求》及《高等职业教育水利工程制图教学大纲》为主要依据编写完成的。全书共 10 章，主要内容包括：制图基本知识和技能，投影制图，点、直线、平面的投影，轴测图，组合体，工程形体表达方法，标高投影，水工图，计算机绘图简介及中望 CAD 基础简介，还有附录水工 CAD 实训指导。本书还配套出版了《水利工程制图习题集（第五版）》及配套数字资源，读者可通过"行水云课"平台进行学习。

本书可作为高等院校、高等职业技术院校及广播电视大学等水利类专业的工程制图教材，也可以供其他工程技术人员阅读参考。

图书在版编目（CIP）数据

水利工程制图 / 庞璐，沈蓓蓓，李炽岚主编. -- 5
版. -- 北京：中国水利水电出版社，2023.8(2024.7重印).
"十四五"职业教育国家规划教材　高等职业教育水
利类新形态一体化教材
ISBN 978-7-5226-1220-1

Ⅰ. ①水… Ⅱ. ①庞… ②沈… ③李… Ⅲ. ①水利工
程－工程制图－高等职业教育－教材 Ⅳ. ①TV222.1

中国国家版本馆CIP数据核字(2023)第003282号

书　　名	"十四五"职业教育国家规划教材 高等职业教育水利类新形态一体化教材 **水利工程制图（第五版）** SHUILI GONGCHENG ZHITU（DI-WU BAN）
作　　者	主编　庞璐　沈蓓蓓　李炽岚
出版发行	中国水利水电出版社 （北京市海淀区玉渊潭南路 1 号 D 座　100038） 网址：www.waterpub.com.cn E-mail：sales@mwr.gov.cn 电话：(010) 68545888（营销中心）
经　　售	北京科水图书销售有限公司 电话：(010) 68545874、63202643 全国各地新华书店和相关出版物销售网点
排　　版	中国水利水电出版社微机排版中心
印　　刷	天津嘉恒印务有限公司
规　　格	184mm×260mm　16 开本　16.75 印张　408 千字　2 插页
版　　次	2010 年 8 月第 1 版　2010 年 8 月第 1 次印刷 2023 年 8 月第 5 版　2024 年 7 月第 2 次印刷
印　　数	4001—9000 册
定　　价	**59.50 元**

第五版前言

本书深入贯彻落实党的二十大精神，以中国式现代化教育思路培养现代工程师、大国工匠为重任，坚持教育为社会主义现代化建设服务，为人民服务，把立德树人作为教育的根本任务，培养德智体美劳全面发展的社会主义建设者和接班人。

根据高职高专水利水电建筑工程专业人才培养方案的规格要求，以《高等职业教育水利工程制图教学基础要求》及《高等职业教育水利工程制图教学大纲》为主要依据，由湖北水利水电职业技术学院庞璐教授牵头组织编写。与之相配套的《水利工程制图习题集（第五版）》及MCAI多媒体教学辅导系统平台也由中国水利水电出版社同时出版发行。本套教材可与教育部现代远程资源建设办公室发布的《水利工程制图》网络在线开放课程配套使用。

在编写过程中，我们深入学习贯彻党的二十大精神，不忘初心，牢记使命，在自己的岗位上，贯彻执行党的教育方针。我们带着修订大纲听取了多方面专家的意见，也向工程设计、施工、管理的相关单位进行了工程图识图需求的调查。在湖北水利水电职业技术学院制作的同名省级在线开放网络课程及前3版教材使用基础上，由庞璐、沈蓓蓓等统筹修改而成。

本书采用了最新的国家标准和行业标准，融入"课程思政"理念，落实党的二十大精神进教材、进课堂、进头脑。按照—课程模块化章节—工作任务式动画—课后项目式训练为主线组织内容，旨为水利类专业打好专业基础知识。与此同时将岗课赛证相关要求加入模块章节。进一步突出以形体为根本，以图示法为重点的原则。围绕"立体—基本几何体—组合体—工程形体"的主线，让学生先从感性上学会形体分析的画图和读图方法，然后再通过学习点、线、面的投影规律，掌握正投影的基本理论，让学生从理性上进一步掌握形体分析的方法，学会线面分析的画图和读图方法。在编写过程中力求做到内容精炼，概念清楚，注意实用性，反映职业教育特色。通过互联网教学资源链接制图教材的主线，强化"识图为主"的理念，理清绘图与识图为互递关系，强化了空间立体思维的训练。

本书由庞璐教授、沈蓓蓓副教授、李炽岚副教授任主编，李丽、刘庭想、余丹丹任副主编。具体分工如下：第1章、第6章由李丽、陈丽娟编写；第2章、第5章、第7章由庞璐编写；第8章由庞璐、刘庭想编写；第3章、第4章由李炽岚、贺荣兵编写；第9章、第10章由余丹丹编写；附录由庞璐、沈蓓蓓、刘庭想编写。

编写一套具有高等职业教育特色和专业基础特色的《水利工程制图》教材，是我们孜孜以求的目标。

在前4版推广使用中，尤其是在疫情期间，"行水云课"网络在线开放课程取得了良好的教学效果。为紧跟时代步伐，顺应实践发展，坚持守正创新，素材库动画采用二维码分类扫描，为学生手机读图提供了便利。该"行水云课"课程可以随时随地开展相应模块学习，体现了终身教育的理念，构建了完善的"立体化云"创新课程体系。该成果在全国水利行业职业教育成果推广会作主旨讲座，获得了同行的一致好评。为推进教育数字化，建设全民终身学习的学习型社会，学习型大国作贡献。但限于编写时间和编写水平，书中难免存在不当或错误之处，恳请读者批评指正。

编 者

2022年11月25日于武汉南湖

第四版前言

本书根据高职高专水利水电建筑工程专业人才培养方案的规格要求，以《高等职业教育水利工程制图教学基础要求》及《高等职业教育水利工程制图教学大纲》为主要依据，由湖北水利水电职业技术学院庞璐教授牵头组织编写。与之相配套的《水利工程制图习题集（第四版）》及配套数字资源也由中国水利水电出版社同时出版发行，读者可通过"行水云课"平台进行学习。本套教材可与教育部现代远程资源建设办公室发布的《水利工程制图》网络在线开放课程配套使用。

在编写过程中，我们带着修订大纲听取了多方面专家的意见，也向工程设计、施工、管理的相关单位进行了工程图识图需求的调查。在湖北水利水电职业技术学院制作的同名省级在线开放网络课程及前3版教材第6次印刷使用基础上，由庞璐、沈蓓蓓、李炽岚统筹修改而成。

本书采用了最新的国家标准和行业标准。进一步突出以形体为根本，以图示法为重点的原则。围绕"立体—基本几何体—组合体—工程形体"的主线，让学生先从感性上学会形体分析的画图和读图方法，然后再通过学习点、线、面的投影规律，掌握正投影的基本理论，让学生从理性上进一步掌握形体分析的方法，学会线面分析的画图和读图方法。在编写过程中力求做到内容精练，概念清楚，注意实用性，反映职业教育特色。

本书由庞璐教授、沈蓓蓓副教授、李炽岚副教授任主编，李丽、刘庭想、余丹丹任副主编。具体分工如下：第1章、第6章由李丽、陈丽娟编写；第2章、第5章、第7章由庞璐编写；第8章由庞璐、刘庭想编写；第3章、第4章由李炽岚、贺荣兵编写；第9章由沈蓓蓓、余丹丹编写；第10章由庞璐、沈蓓蓓、刘庭想编写。

编写一套具有高职特色和专业特色的《水利工程制图》教材，是我们孜孜以求的目标。在前 3 版推广使用中，尤其是在疫情期间，网络在线开放课程取得了良好的教学效果，获得了同行的一致好评。但限于编写时间和编写水平，书中难免存在不当或错误之处，恳请读者批评指正。

编　者

2021 年 3 月 1 日于武汉南湖

第三版前言

本书根据高职高专水利水电建筑工程专业人才培养方案的规格要求，以《高等职业教育水利工程制图教学基础要求》及《高等职业教育水利工程制图教学大纲》为主要依据，由湖北水利水电职业技术学院工程CAD与图学教研室组织编写。与之相配套的《水利工程制图习题集（第三版）》及MCAI多媒体教学辅导系统光盘也由中国水利水电出版社同时出版发行。

在编写过程中，我们带着修订大纲听取了多方面专家的意见，也向工程设计、施工、管理的相关单位进行了制图需求的调查。在湖北水利水电职业技术学院制作的同名精品网络课程及第2版教材使用基础上，由庞璐、沈蓓蓓统筹修改而成。

本书采用了最新的国家标准和行业标准。进一步突出以形体为根本，以图示法为重点的原则。围绕"立体—基本几何体—组合体—工程形体"的主线，让学生先从感性上学会形体分析的画图和读图方法，然后再通过学习点、线、面的投影规律，掌握正投影的基本理论，让学生从理性上进一步掌握形体分析的方法，学会线面分析的画图和读图方法。在编写过程中力求做到内容精练，概念清楚，注意实用性，反映职业教育特色。

本书由庞璐教授、沈蓓蓓副教授、李炽岚副教授任主编，晏孝才、李丽、余丹丹任副主编。具体分工如下：第1章、第6章由李丽、陈丽娟编写；第2章、第5章、第7章、第8章由庞璐、晏孝才编写，第3章、第4章由李炽岚、贺荣兵编写，第9章由沈蓓蓓、余丹丹编写，第10章由庞璐、沈蓓蓓编写。

编写一本具有高职特色和专业特色的《水利工程制图》，是我们孜孜以求的目标。在湖北水利水电职业技术学院开发同名精品网络课程与自编

教材的配套试运行 10 余年中，取得了良好的教学效果，并获得了同行的好评。但限于编写时间和编写水平，书中难免存在不当或错误之处，恳请读者批评指正。

编 者

2015 年 3 月 1 日于武汉南湖

第二版前言

本书根据高职高专水利水电建筑工程专业人才培养方案的规格要求，以《高等职业教育水利工程制图教学基础要求》及《高等职业教育水利工程制图教学大纲》为主要依据，由湖北水利水电职业技术学院工程 CAD 与图学教研室组织编写。与之相配套的《水利工程制图习题集（第二版）》及 MCAI 多媒体教学辅导系统光盘也由中国水利水电出版社同时出版发行。

在编写过程中，我们带着修订大纲听取了多方面专家的意见，也向工程设计、施工、管理的相关单位进行了制图需求的调查。在湖北水利水电职业技术学院制作的同名精品网络课程及第 1 版教材使用基础上，由庞璐、沈蓓蓓统筹修改而成。

本书采用了最新的国家标准和行业标准。进一步突出以形体为根本，以图示法为重点的原则。围绕"立体—基本几何体—组合体—工程形体"的主线，让学生先从感性上学会形体分析的画图和读图方法，然后再通过学习点、线、面的投影规律，掌握正投影的基本理论，让学生从理性上进一步掌握形体分析的方法，学会线面分析的画图和读图方法。在编写过程中力求做到内容精练，概念清楚，注意实用性，反映职业教育特色。

本书由庞璐教授、沈蓓蓓副教授、李炽岚副教授任主编，晏孝才、李丽、余丹丹任副主编。具体分工如下：第 1 章、第 6 章由李丽、陈丽娟编写；第 2 章、第 5 章、第 7 章、第 8 章由庞璐、晏孝才编写，第 3 章、第 4 章由李炽岚、贺荣兵编写，第 9 章由沈蓓蓓、余丹丹编写，第 10 章由庞璐、沈蓓蓓编写。

编写一本具有高职特色和专业特色的《水利工程制图》，是我们孜孜以求的目标。在湖北水利水电职业技术学院开发同名精品网络课程与自编

教材的配套试运行 10 余年中，取得了良好的教学效果，并获得了同行的好评。但限于编写时间和编写水平，书中难免存在不当或错误之处，恳请读者批评指正。

编 者

2013 年 3 月 1 日于武汉南湖

第一版前言

本书根据高职高专水利水电建筑工程专业人才培养方案的规格要求，以《高等职业教育水利工程制图教学基础要求》及《高等职业教育水利工程制图教学大纲》为主要依据，由湖北水利水电职业技术学院工程 CAD 与图学教研室组织编写。与之相配套的《水利工程制图习题集》及 MCAI 多媒体教学辅导系统光盘也由中国水利水电出版社同时出版发行。

在编写过程中，我们带着修订大纲听取了多方面专家的意见，也向工程设计、施工、管理的相关单位进行了制图需求的调查。在湖北水利水电职业技术学院制作的同名精品网络课程的基础上，由庞璐、李炽岚统筹修改而成。

本书采用了最新的国家标准和行业标准。进一步突出以形体为根本，以图示法为重点的原则。围绕"立体—基本几何体—组合体—工程形体"的主线，让学生先从感性上学会形体分析的画图和读图方法，然后再通过学习点、线、面的投影规律，掌握正投影的基本理论，让学生从理性上进一步掌握形体分析的方法，学会线面分析的画图和读图方法。在编写过程中力求做到内容精练，概念清楚，注意实用性，反映职业教育特色。

本书由庞璐、李炽岚任主编，李丽、余丹丹、沈蓓蓓任副主编。具体分工如下：第 2 章、第 5 章、第 7 章、第 8 章由庞璐编写；第 3 章、第 4 章由李炽岚编写；第 1 章、第 6 章由李丽编写；第 9 章由余丹丹编写；第 10 章由庞璐、沈蓓蓓编写。

本书为高等院校、高等职业技术学院、广播电视大学等水利类专业的适用教材，也可供工程技术人员及相近专业人员学习及参考。

编写一本具有高职特色和专业特色的《水利工程制图》，是我们孜孜以求的目标。在湖北水利水电职业技术学院开发同名精品网络课程与自编

教材的配套试运行 5 余年中，取得了良好的教学效果，并获得了同行的好评。但限于编写时间和编写水平，书中难免存在不当或错误之处，恳请读者批评指正。

编 者

2010 年 3 月 1 日于武汉南湖

"行水云课"数字教材使用说明

"行水云课"水利职业教育服务平台是中国水利水电出版社立足水电、整合行业优质资源全力打造的"内容"＋"平台"的一体化数字教学产品。平台包含高等教育、职业教育、职工教育、专题培训、行水讲堂五大版块，旨在提供一套与传统教学紧密衔接、可扩展、智能化的学习教育解决方案。

本教材是整合传统纸质教材内容和富媒体数字资源的新型教材，将大量图片、音频、视频、3D 动画等教学素材与纸质教材内容相结合，用以辅助教学。读者登录"行水云课"平台，进入教材页面后输入激活码激活，即可获得该数字教材的使用权限。可通过扫描纸质教材二维码查看与纸质内容相对应的知识点多媒体资源，完整数字教材及其配套数字资源可通过移动终端 App、"行水云课"微信公众号或中国水利水电出版社"行水云课"平台查看。

内页二维码具体标识如下：

- ▶ 为知识点视频

多媒体知识点索引

序号	码号	资 源 名 称	资源类型	页码
1	1.1	图板	▶	5
2	1.2	丁字尺	▶	5
3	1.3	三角板	▶	5
4	1.4	铅笔	▶	6
5	1.5	圆规	▶	6
6	1.6	曲线板	▶	7
7	1.7	图纸幅面	▶	8
8	1.8	图线画法 1	▶	11
9	1.9	图线画法 2	▶	11
10	1.10	尺寸注法	▶	12
11	1.11	线性尺寸数字的注写方向 1	▶	13
12	1.12	线性尺寸数字的注写方向 2	▶	13
13	1.13	圆和圆弧尺寸的标注	▶	14
14	1.14	角度和弧长弦长的尺寸标注	▶	14
15	1.15	尺寸标注综合举例 1	▶	14
16	1.16	尺寸标注综合举例 2	▶	14
17	1.17	作已知直线的平行线	▶	15
18	1.18	作已知直线的垂直线	▶	15
19	1.19	三等分线段	▶	16
20	1.20	五等分圆周	▶	16
21	1.21	绘制椭圆	▶	16
22	1.22	用圆弧连接两已知直线—锐角	▶	19
23	1.23	用圆弧连接两已知直线—钝角	▶	19
24	1.24	用圆弧连接两已知直线—直角	▶	19
25	1.25	连接圆弧与两圆弧均外切	▶	19
26	1.26	连接圆弧与两圆弧均内切	▶	19

序号	码号	资源名称	资源类型	页码
27	1.27	连接圆弧与两圆弧内外切	▶	20
28	1.28	平面图形的绘图步骤	▶	21
29	1.29	标注平面图形	▶	21
30	1.30	制图步骤	▶	22
31	2.1	投影的概念	▶	25
32	2.2	中心投影	▶	25
33	2.3	斜投影	▶	26
34	2.4	正投影	▶	26
35	2.5	积聚性	▶	27
36	2.6	真实性	▶	27
37	2.7	类似性	▶	27
38	2.8	视图	▶	28
39	2.9	三面投影体系	▶	28
40	2.10	三视图的形成	▶	28
41	2.11	三视图与空间物体间的关系	▶	29
42	2.12	三视图的投影规律	▶	29
43	2.13	基本几何体与工程形体	▶	30
44	2.14	三棱柱	▶	31
45	2.15	三棱柱上点的投影	▶	31
46	2.16	三棱柱截交线	▶	31
47	2.17	四棱柱	▶	31
48	2.18	六棱柱	▶	31
49	2.19	六棱柱截交线	▶	31
50	2.20	三棱锥	▶	32
51	2.21	三棱锥上点的投影	▶	32
52	2.22	三棱锥截交线	▶	32
53	2.23	求切口三棱锥截交线上点的投影	▶	32
54	2.24	四棱锥	▶	33
55	2.25	六棱锥	▶	33
56	2.26	四棱台上点的投影	▶	33

序号	码号	资源名称	资源类型	页码
57	2.27	圆柱的形成	▶	34
58	2.28	圆锥的形成	▶	34
59	2.29	圆球的形成	▶	34
60	2.30	圆柱体的投影	▶	34
61	2.31	圆柱上点的投影	▶	35
62	2.32	圆柱截交线	▶	35
63	2.33	圆锥体的投影	▶	36
64	2.34	圆锥上点的投影	▶	36
65	2.35	圆锥截交线	▶	36
66	2.36	六棱锥截交线	▶	36
67	2.37	圆球体的投影	▶	37
68	2.38	圆球上点的投影	▶	37
69	2.39	圆球截交线	▶	37
70	2.40	矩矩为柱	▶	38
71	2.41	三三为锥	▶	38
72	2.42	梯梯为台	▶	38
73	2.43	三圆为球	▶	39
74	2.44	三视图的画法1—叠加	▶	39
75	2.45	三视图的画法2—切割	▶	40
76	3.1	点的三面投影	▶	42
77	3.2	点的坐标	▶	43
78	3.3	投影面上点的坐标	▶	44
79	3.4	投影轴上点的坐标	▶	44
80	3.5	原点的坐标	▶	44
81	3.6	两点的相对位置	▶	44
82	3.7	重影点	▶	45
83	3.8	例3.2	▶	46
84	3.9	例3.3	▶	47
85	3.10	直线的三面投影	▶	47
86	3.11	正平线	▶	48

序号	码号	资 源 名 称	资源类型	页码
87	3.12	水平线	▶	48
88	3.13	侧平线	▶	48
89	3.14	正垂线	▶	49
90	3.15	铅垂线	▶	49
91	3.16	侧垂线	▶	49
92	3.17	一般位置直线	▶	49
93	3.18	一般位置直线的投影特征	▶	49
94	3.19	从属性和定比性	▶	50
95	3.20	例3.4	▶	50
96	3.21	例3.5方法1	▶	50
97	3.22	例3.5方法2	▶	51
98	3.23	平行两直线	▶	52
99	3.24	相交两直线	▶	53
100	3.25	交叉两直线	▶	54
101	3.26	垂直两直线	▶	55
102	3.27	例3.6	▶	55
103	3.28	平面的表示法	▶	56
104	3.29	平面的分类	▶	56
105	3.30	正平面	▶	57
106	3.31	水平面	▶	57
107	3.32	侧平面	▶	57
108	3.33	正垂面	▶	58
109	3.34	铅垂面	▶	58
110	3.35	侧垂面	▶	58
111	3.36	一般位置平面	▶	58
112	3.37	几何条件（1）	▶	59
113	3.38	几何条件（2）	▶	59
114	3.39	几何条件（3）	▶	59
115	3.40	例3.7	▶	59
116	3.41	例3.8方法1	▶	60

序号	码号	资 源 名 称	资源类型	页码
117	3.42	例3.8方法2	▶	60
118	3.43	例3.9	▶	60
119	3.44	综合举例—求点的投影	▶	64
120	3.45	综合举例—求直线的投影	▶	64
121	3.46	综合举例—辅助直线法求投影	▶	64
122	3.47	综合举例—判断投影特性	▶	65
123	3.48	综合举例—求最大斜度线	▶	65
124	3.49	综合举例—求实长和倾角	▶	65
125	4.1	视图与轴测图	▶	67
126	4.2	正等测轴测图	▶	68
127	4.3	斜二测轴测图	▶	68
128	4.4	轴间角	▶	68
129	4.5	轴测图的绘图步骤	▶	69
130	4.6	坐标法	▶	69
131	4.7	例4.1	▶	69
132	4.8	特征面法	▶	70
133	4.9	例4.2	▶	70
134	4.10	切割法	▶	72
135	4.11	例4.5	▶	72
136	4.12	例4.6	▶	72
137	4.13	补充题	▶	72
138	4.14	水平圆正等测图	▶	73
139	4.15	例4.7	▶	74
140	4.16	补充题	▶	74
141	4.17	例4.8	▶	75
142	4.18	例4.9	▶	75
143	4.19	半圆头板的斜二测图	▶	76
144	4.20	例4.10	▶	76
145	4.21	补充题	▶	76
146	5.1	叠加类及分解	▶	80

序号	码号	资 源 名 称	资源类型	页码
147	5.2	切割类及分解	▶	80
148	5.3	形体相切	▶	80
149	5.4	形体相交	▶	80
150	5.5	形体分析法	▶	81
151	5.6	挡土墙的三视图	▶	81
152	5.7	切割类的三视图	▶	81
153	5.8	涵洞的三视图	▶	81
154	5.9	例5.2	▶	83
155	5.10	相贯线的画法	▶	83
156	5.11	组合体相贯线和截交线	▶	83
157	5.12	闸室的尺寸标注	▶	85
158	5.13	组合体的识读	▶	88
159	5.14	基本体三视图	▶	88
160	5.15	例5.6	▶	90
161	5.16	形体分析法补充题	▶	90
162	5.17	线面分析法	▶	90
163	5.18	例5.7	▶	91
164	5.19	例5.8	▶	92
165	5.20	"二补三"补充题	▶	92
166	5.21	例5.12	▶	95
167	5.22	例5.13	▶	96
168	5.23	补漏线补充题	▶	96
169	5.24	补画四棱锥的视图	▶	96
170	5.25	补画四棱锥的俯视图	▶	96
171	5.26	组合相贯线	▶	96
172	6.1	六面基本视图	▶	98
173	6.2	位置对应关系	▶	99
174	6.3	向视图	▶	100
175	6.4	局部视图	▶	100
176	6.5	斜视图	▶	101

序号	码号	资源名称	资源类型	页码
177	6.6	视图例题	▶	101
178	6.7	剖视图的形成	▶	102
179	6.8	尺寸标注	▶	103
180	6.9	省略标注	▶	103
181	6.10	剖视图的画图步骤	▶	104
182	6.11	剖切的假想性	▶	104
183	6.12	剖视图中防漏线	▶	104
184	6.13	剖面线的方向	▶	105
185	6.14	全剖视图—踏步	▶	106
186	6.15	全剖视图—闸室	▶	106
187	6.16	半剖视图	▶	107
188	6.17	半剖视图—墩帽	▶	107
189	6.18	半剖视图—行车板道	▶	107
190	6.19	半剖视图—箱体	▶	107
191	6.20	局部剖视图	▶	107
192	6.21	局部剖视图1	▶	108
193	6.22	局部剖视图2	▶	108
194	6.23	阶梯剖视图	▶	108
195	6.24	消力池和渠道相连部分的剖视图	▶	109
196	6.25	旋转剖视图	▶	110
197	6.26	旋转剖视图—回转体	▶	110
198	6.27	旋转剖视图—检查井	▶	110
199	6.28	复合剖视图	▶	110
200	6.29	复合剖视图画法	▶	110
201	6.30	移出剖面图	▶	111
202	6.31	移出剖面画法的特殊规定（1）	▶	111
203	6.32	移出剖面画法的特殊规定（2）	▶	112
204	6.33	移出剖面画法的特殊规定（4）	▶	112
205	6.34	移出剖视图的标注	▶	113
206	6.35	重合剖面图	▶	113

序号	码号	资 源 名 称	资源类型	页码
207	6.36	重合剖面图画图步骤	▶	114
208	6.37	重合剖视图的标注	▶	114
209	6.38	肋的规定画法	▶	115
210	6.39	例 6.1	▶	117
211	6.40	补充题—U形渡槽	▶	117
212	6.41	补充题—窖井	▶	117
213	7.1	点的标高投影	▶	121
214	7.2	直线的坡度和平距	▶	121
215	7.3	求直线的实长和倾角	▶	121
216	7.4	直线上整数标高点	▶	122
217	7.5	已知坡度和平距，求标高	▶	122
218	7.6	等高线	▶	123
219	7.7	坡度线作图步骤	▶	123
220	7.8	平面的表示法	▶	123
221	7.9	例题	▶	123
222	7.10	两平面的交线	▶	125
223	7.11	求作平地上的开挖线和坡脚线	▶	125
224	7.12	求作坡脚线和坡面交线	▶	126
225	7.13	圆锥的标高投影	▶	126
226	7.14	山头的标高投影	▶	126
227	7.15	土坝与河岸连接处的坡脚线和坡面交线	▶	127
228	7.16	地形剖面图	▶	128
229	7.17	地形剖面图的画图步骤	▶	128
230	7.18	例 7.8	▶	129
231	7.19	例 7.9	▶	130
232	7.20	例 7.9 的标注	▶	131
233	8.1	视图配置	▶	140
234	8.2	展开画法	▶	142
235	8.3	水闸上游连接段护坡处交线的画法	▶	144
236	8.4	简化画法、拆卸画法和合成视图	▶	144

序号	码号	资 源 名 称	资源类型	页码
237	8.5	简化画法	▶	144
238	8.6	合成视图	▶	144
239	8.7	渐变面的组成	▶	146
240	8.8	渐变面的素线表示法	▶	146
241	8.9	渐变面的剖视图	▶	146
242	8.10	内扭面的形成 1	▶	147
243	8.11	内扭面的形成 2	▶	147
244	8.12	扭面的视图	▶	147
245	8.13	外扭面 $EFGH$ 三视图	▶	148
246	8.14	扭面过渡段的三视图	▶	148
247	8.15	标高的注法	▶	149
248	8.16	水面标高	▶	149
249	8.17	尺寸基准	▶	150
250	8.18	桩号的注法	▶	150
251	8.19	多层结构尺寸的注法	▶	150
252	8.20	识读进水闸结构图	▶	152
253	8.21	识读水库枢纽设计图	▶	154
254	8.22	识读浆砌块石矩形渡槽设计图	▶	155
255	8.23	识读砌石坝设计图	▶	155
256	8.24	水工图的绘制	▶	155
257	8.25	钢筋的分类	▶	158
258	8.26	T 形梁钢筋图	▶	159
259	8.27	钢筋的标注	▶	159
260	8.28	单根钢筋的标注	▶	159
261	8.29	钢筋图的识读 1	▶	160
262	8.30	钢筋图的识读 2	▶	160
263	8.31	建筑图的识读	▶	161

目录

第五版前言

第四版前言

第三版前言

第二版前言

第一版前言

"行水云课"数字教材使用说明

多媒体知识点索引

绪论 ……………………………………………………………………………………………… 1

第1章 制图基本知识和技能 …………………………………………………… 4

1.1 制图工具和仪器的使用方法 …………………………………………… 4

1.2 制图的基本标准 …………………………………………………………… 7

1.3 几何作图 ……………………………………………………………………… 15

1.4 平面图形的画法 …………………………………………………………… 20

1.5 制图的步骤和方法 ………………………………………………………… 22

复习思考题 ……………………………………………………………………… 24

第2章 投影基本知识 ………………………………………………………………… 25

2.1 投影的概念及分类 ………………………………………………………… 25

2.2 三视图的形成及投影规律 ……………………………………………… 27

2.3 基本体三视图的画法与识读 …………………………………………… 30

2.4 基本体三视图的识读 ……………………………………………………… 37

2.5 简单体三视图的画法 ……………………………………………………… 39

复习思考题 ……………………………………………………………………… 40

第3章 点、直线、平面的投影 ………………………………………………… 42

3.1 点的投影 ……………………………………………………………………… 42

3.2 直线的投影 …………………………………………………………………… 47

3.3 平面的投影 …………………………………………………………………… 56

3.4 直线与平面、平面与平面的相对位置 ……………………………… 61

复习思考题 ………………………………………………………………… 64

第 4 章　轴测图 ……………………………………………………… 67

4.1　轴测图的基本知识 …………………………………………… 67

4.2　平面体轴测图的画法 ………………………………………… 68

4.3　曲面体轴测图的画法 ………………………………………… 73

4.4　轴测图的选择 ………………………………………………… 77

复习思考题 ………………………………………………………… 77

第 5 章　组合体 ……………………………………………………… 79

5.1　组合体的形体分析 …………………………………………… 79

5.2　组合体视图的画法 …………………………………………… 81

5.3　组合体视图的尺寸标注 ……………………………………… 84

5.4　组合体视图的识读 …………………………………………… 88

复习思考题 ………………………………………………………… 96

第 6 章　工程形体表达方法 ………………………………………… 98

6.1　视图 …………………………………………………………… 98

6.2　剖视图 ………………………………………………………… 102

6.3　剖面图 ………………………………………………………… 111

6.4　其他表达方法 ………………………………………………… 114

6.5　综合应用举例 ………………………………………………… 116

复习思考题 ………………………………………………………… 117

第 7 章　标高投影 …………………………………………………… 120

7.1　概述 …………………………………………………………… 120

7.2　点、直线、平面的标高投影 ………………………………… 121

7.3　曲面和地形面的标高投影 …………………………………… 126

复习思考题 ………………………………………………………… 133

第 8 章　水工图 ……………………………………………………… 134

8.1　水工图概述 …………………………………………………… 134

8.2　水工图的表达方法 …………………………………………… 140

8.3　水工图常见曲面的画法 ……………………………………… 145

8.4　水工图的尺寸标注 …………………………………………… 148

8.5　水工图的阅读 ………………………………………………… 151

8.6　水工图的绘制 ………………………………………………… 156

8.7　钢筋图 ………………………………………………………… 157

复习思考题 ………………………………………………………… 161

第 9 章　计算机绘图简介 …………………………………………… 163

9.1　计算机绘图概述 ……………………………………………… 163

9.2 绘图软件 AutoCAD 简介 ·· 164

上机练习 ··· 183

第 10 章 中望 CAD 基础简介 ·· 184

10.1 绘制直线命令 ··· 185

10.2 绘制圆命令 ··· 188

10.3 绘制圆弧命令 ··· 191

10.4 绘制椭圆和椭圆弧命令 ·· 193

10.5 绘制点命令 ··· 195

10.6 绘制圆环命令 ··· 198

10.7 绘制矩形命令 ··· 200

10.8 绘制正多边形命令 ··· 201

10.9 多段线命令 ··· 202

附录 水工 CAD 实训指导 ··· 206

参考文献 ··· 240

绪　　论

1. 教学目标和任务

（1）了解《水利工程制图》课程目的和要求。

（2）掌握水利工程制图的课程内容、任务及学习方法。

2. 教学重点和难点

工程图样和工程制图的概念与区别。

3. 岗课赛证要求

理解工程图样是"工程界的技术语言"。

"水利工程制图"课程是水利工程专业的一门专业技能课程，以培养学生识读水利工程图和计算机绘制工程图的技能。该技能是水利工程专业领域工程技术人员必须具备的职业技能。

党的二十大指出，要"加快实施创新驱动发展战略，坚持面向世界科技前沿、面向经济主战场、面向国家重大需求、面向人民生命健康，加快实现高水平科技自立自强。"

通过本课程的学习，培养学生在"高举中国特色社会主义伟大旗帜，为全面建设社会主义现代化国家而团结奋斗"的新征程中，成为把大国水利建成强国水利，为建设智能化、智慧化水利的新征程上不断谱写水利事业的新篇章的大国工匠。

本课程的学习可为重力坝设计与施工、土石坝设计与施工、水闸设计与施工、隧洞设计与施工、中小型水电站建筑物设计与施工等专业课程的学习奠定基础；为学生顶岗实习、毕业后能胜任岗位工作起到必要的支撑作用。

1. 工程图样与"工程制图"

工程图样被喻为"工程技术语言"。它是按照投影原理及制图标准的规定，准确表达建筑物形状、大小、构造和材料的图样，是工程技术人员用以表达设计意图、组织生产施工、交流技术思想的重要工具。任何一个工程建筑物的规划、设计、施工和管理工作，都离不开工程图样。"工程制图"是研究绘制、阅读工程图样的理论及方法的学科。

2. 本课程的地位及任务

本课程是水利类专业的一门专业技能课程，它培养学生的绘图技能和读图能力，同时，它还是学生学习后继课程和完成课程设计、毕业设计不可缺少的基础。学生绘制和阅读水利工程图样的能力应在专业课学习和工程的施工、设计等工作中，继续巩固和提高。

课程学习中有机融入了课程思政、文化育人及终身教育理念。全面贯彻党的教育方针，落实立德树人根本任务，培养学生严肃认真、耐心细致的工作作风，为成为大国工匠打基础。不辜负党和人民对同学们寄托"青年强，则国家强"的殷切期望，培养成德智体美劳全面发展的社会主义建设者和接班人。

本课程的主要任务如下：

（1）学习投影法（主要是正投影法）的基本理论及其应用。

（2）学习贯彻《水利水电工程制图标准》系列规定。

（3）培养较强的绘图及读图能力。

（4）使学生初步具备使用计算机绘制工程图样的基本技能。

此外，在教学过程中还必须注意培养学生的审美能力、自学能力、分析问题与解决问题的能力以及认真负责的工作态度和严谨细致的工作作风，强化"大国工匠"精神。

3. 本课程的内容及要求

本课程包括制图基本知识和技能、投影制图、专业图、计算机绘图及水工 CAD 实训指导五大部分。各部分的主要内容及要求如下：

（1）制图基本知识和技能部分。该部分的主要内容有制图工具及仪器的使用、制图基本规格、平面图形的画法等。学习本部分所应达到的两项主要要求是：学会正确使用制图工具和仪器，掌握基本的绘图技能；了解制图标准的一般规定，培养遵守制图标准的意识。

（2）投影制图部分。该部分的主要内容是研究绘制和识读基本几何体、组合体、工程形体视图及剖视图和透视图的理论和方法。通过学习，要求学生掌握视图、剖视图的画法、尺寸注法和读图方法，应重视读图能力的培养和提高。此外，还应初步掌握轴测图和标高投影的基本概念和作图方法。

（3）专业图部分。该部分主要介绍专业图样的图示特点和表达方法。通过学习，要求学生能绘制和阅读中等复杂程度的工程图。

（4）计算机绘图部分。通过学习，要求学生能用绘图软件绘制中等复杂程度的工程形体图及简单的三维立体图。

（5）水工 CAD 实训指导部分。通过学习，要求学生能用绘图软件绘制中等复杂程度的水利工程专业设计图及施工图。

4. 本课程的学习方法

本课程是一门基本理论与工程实践紧密结合的课程。只有根据课程特点采取与之相适应的学习方法，才能取得良好的学习效果。

（1）对基本理论的学习应重在理解。投影理论的基本内容是研究空间物体与平面视图两者之间的转换规律，只有增强对空间物体与平面图形转换过程的分析、理解，才能掌握投影规律和特性，增强思维的灵活性。特别是学习的初期，更应注意空间想象能力的培养，提高对物体的表达能力和对图样的读绘能力。

（2）对技能和能力的培养应重在实践。本课程具有实践性强的特点，绘图技能和读图能力的培养，必须通过大量"由物画图"或"由图想物"的作业实践来实现。应将"画图"与"读图"训练紧密结合，贯穿于课程的始终。为此，学生必须及时完成规定的练习和作业，并做到概念正确，才能将学习投影理论、应用制图标准、培养绘图技能、提高读图能力等诸方面的要求紧密结合，圆满完成本课程的学习任务。

5. 我国工程图学发展史简介

我国工程图学具有悠久的历史，《尚书》一书中，就有工程中使用图样的记载。宋代（1100 年）李诚所著《营造法式》一书，是世界上最早的一部建筑技术著作。其大量的工程图样画法，采用了正投影、轴测投影和透视图等方法。直到 1795 年法国人加斯帕拉·蒙日才写出《画法几何》一书。这充分说明我国古代在图学方面已达到了很高水平。

我国的制图标准是从 1956 年第一机械工业部发布的《机械制图》标准开始的，采用的是苏联标准体系。在此基础上，结合我国实际，于 1959 年制定和发布了我国第一个工程类制图方面的国家标准 GB 122～141—59《机械制图》，并于 1974 年、1984 年、1993 年先后 3 次进行了较大的修订。为了适应各行业间及国际间的技术交流，1993 年我国发布了国家标准《技术制图》，这标志着我国工程图学已步入一个新阶段。本教材采用 2013 年水利部发布的行业标准 SL 73—2013《水利水电工程制图标准》、2000 年 GB/T 18229—2000《CAD 工程制图规则》及 2011 年发布的 GB/T 50104—2010《建筑制图标准》。随着科学、生产的高速发展，对绘图的准确度和速度提出了更高的要求。目前计算机绘图已逐步取代了手工绘图，显示了它的极大优越性。随着我国科学技术的不断发展，工程图学在图学理论、图学应用、图学教育、计算机图学、制图技术、制图标准等诸方面，定能得到更加广泛的应用和发展。

第1章 制图基本知识和技能

1. 教学目标和任务

(1) 掌握常用绘图工具和仪器的正确使用方法。

(2) 掌握基本制图标准中的各项规定。

(3) 掌握常用的几何作图方法。

(4) 掌握平面图形的分析（尺寸分析和线段分析）与平面图形的绘制步骤。

2. 教学重点和难点

(1) 教学重点：绘图工具和仪器的正确使用方法；基本制图标准中的各项规定；平面图形的分析和平面图形的绘制步骤。

(2) 教学难点：遵循制图标准的规定，按照正确的绘图方法和步骤，准确地抄画平面图形及标注尺寸。

3. 岗课赛证要求

掌握制图标准的各项规定，掌握正确的绘图方法和步骤，是准确抄画视图和标注尺寸的基础。

1.1 制图工具和仪器的使用方法

工程图样是工程技术人员用以表达设计意图、组织生产施工、交流技术思想的重要技术文件。而要提高制图的质量，加快制图的速度，就必须正确掌握制图工具和仪器的使用方法。

制图工作应必备一些制图工具和仪器，常用的有图板、丁字尺、三角板、铅笔、圆规和分规、擦图片、橡皮等。下面介绍一些常用制图工具和仪器的使用和维护方法。

1.1.1 图板

图板一般是由质软而平整的胶合板制成。图板的板面应平整、光滑，用于固定图纸；图板的左侧边是其工作边，用于与丁字尺配合画水平线，因此必须保持平直。

图板有不同的规格，可根据图纸大小来选择。在图板上固定图纸应使用胶带纸，切勿使用图钉，如图1.1所示。

1.1.2 丁字尺

丁字尺一般是由有机玻璃制成，由相互垂直的尺头和尺身构成。尺头内边缘和尺身上边缘是工作边，应保持平直、光滑。

丁字尺的作用是与图板配合画水平线。工作时，尺头内边缘应紧靠图板的左侧边，沿带有刻度的尺身上边缘从左向右画线，以保证水平线之间互相平行，如图1.2所示。

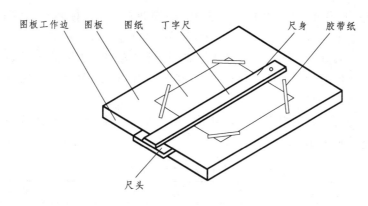

图 1.1 图板和丁字尺

1.1
图板

切记：不得把丁字尺尺头靠在图板的非工作边画线，也不得用丁字尺尺身下边缘画线，如图 1.3 所示。

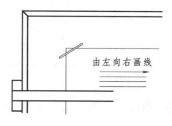

图 1.2 丁字尺画水平线

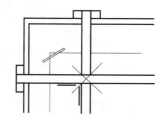

图 1.3 丁字尺的错误用法

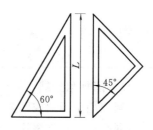

图 1.4 三角板

1.2
丁字尺

1.1.3 三角板

三角板一般是由塑料或有机玻璃制成。一副三角板有两块，分别是 30°、60°、90°角和 45°、45°、90°角的直角三角形板。其中 60°角三角板长直角边与 45°角三角板的斜边长度相等，这个长度 L 就是这幅三角板的规格尺寸，如图 1.4 所示。

三角板在使用前要确保各外边缘平直光滑，各角完整准确。用完后，应将三角板擦拭干净收入纸套内保管。

三角板的作用主要有三方面：

（1）三角板与丁字尺配合画铅垂线，如图 1.5（a）所示。

（2）三角板与丁字尺配合画与水平线成 15°整数倍数角的斜线。

（3）两块三角板配合画任意直线的平行线或垂直线，如图 1.5（b）所示。

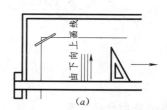

1.1.4 铅笔

在绘制底图的直线段、加深直线段和注写时，必须用专用绘图铅笔。

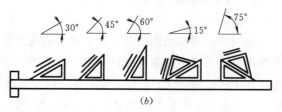

1.3
三角板

图 1.5 三角板画铅垂线和斜线

绘图铅笔的顶端有 B 和 H 的标识，是其铅芯软硬的表示。标号为 B、2B、…、6B 的铅芯，数字越大表示铅芯越软，画出的图线越深越粗；标号为 H、2H、…、6H 的铅芯，数字越大表示铅芯越硬，画出的图线越浅越细；而标号为 HB 的铅芯则硬度适中。

绘图时，一般选用 2H 或 H 号铅笔画底图，用 HB 或 B 号铅笔来注写和加深图形，用 HB 号铅笔来注写。

同样，绘图时，铅芯削磨的形状也影响所绘图线的质量。应按正确的削磨方法削磨不同的铅笔，见表 1.1。

表 1.1　　　　　　　　　铅笔与铅芯的选用及削磨　　　　　　　　单位：mm

项　目	铅　　笔			圆 规 用 铅 芯	
用途	打底稿 加深细实线	写字	加深粗实线	打底稿 加深细实线	加深粗实线
软硬程度	H 或 2H	HB	HB 或 B	H 或 HB	B 或 2B
削磨形状					

1.1.5　圆规和分规

圆规用于画圆或圆弧。应注意，圆规用铅芯应比铅笔用铅芯软一号，以保证图样上相同线型的粗细深浅一致。

分规用于等分线段、截取线段和测量距离，如图 1.6 所示。

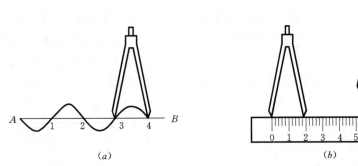

图 1.6　分规等分线段、测量距离

（a）等分线段；（b）测量距离

1.1.6　其他常用绘图工具

1. 曲线板

曲线板是画非圆曲线的工具。画图时先将需连接各点徒手连成光滑的细线，然后在曲线板上选择曲率变化相同（重合的点不少于 3 个）的由点 1～5 组成的一段曲线，连接点 1～3，剩余 4、5 两点暂不连；再在曲线板上找与点 4～8 之间曲率相同的一段曲线，连接 4～6 三点，剩余 7、8 两点暂不连……如此重复，画完曲线上的所有 13 个点，如图 1.7 所示。

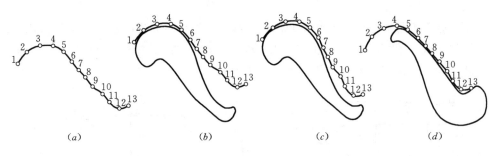

图 1.7　曲线板的用法

（a）徒手连细线；（b）加深点 1～4；（c）加深点 4～7；（d）完成连接

1.6　▶

曲线板

2. 专用模板和擦图片

专用模板是绘制图样中常用符号的专用工具。专用模板上有各种常用的符号，绘制这些符号时，直接用模板套画，可大大提高绘图效率。

擦图片是用于擦去图纸上多余或画错图线的工具。擦图片上有各种各样的孔，在清除图纸上的多余图线时，只需将擦图片上的缺口对准要擦去的图线，然后用橡皮擦拭即可。这样可避免擦掉与其相邻的图线。

除上述工具外，绘图时，还需要用到的橡皮、小刀、胶带纸和修磨铅芯的细砂纸等。

1.2　制图的基本标准

工程图样是工程界的共同语言。为了使工程图样规格统一，以便于生产和技术交流，要求绘制图样必须遵守统一的规定，这个统一的规定就是制图的中华人民共和国国家标准，简称国标，用 GB 或 GB/T（GB 是强制性国家标准，GB/T 是推荐性国家标准）表示，通常统称为制图标准。制图标准是所有工程人员必须遵守并执行的标准。

目前，国内执行的制图标准主要有技术制图标准、机械制图标准、建筑制图标准、水利水电工程制图标准等，现将相关内容作一简要介绍。

1.2.1　图纸幅面、图框及标题栏

1. 图纸幅面

图纸的基本幅面有五种，分别用 A0、A1、A2、A3、A4 表示。每种幅面图纸的长 L 和宽 B 国标中都已经规定，见表 1.2。可以看出，A0 幅面的图纸沿长边对折即得到 A1 图纸……依次类推。

表 1.2　　　　　　　　　　　基本幅面及图框尺寸　　　　　　　　　　　单位：mm

尺寸代号	幅　面　代　号				
	A0	A1	A2	A3	A4
$B×L$	841×1189	594×841	420×594	297×420	210×297
c	10			5	
a	25				
e	20		10		

7

2. 图框

每一张图纸都需要用粗实线绘制出图框线来。图样只允许绘制在图框线以内。需要装订的图纸，图框线由装订边 a 和非装订边 c 来确定；不需要装订的图纸，图框线由非装订边 e 来确定，如表1.2和图1.8所示。

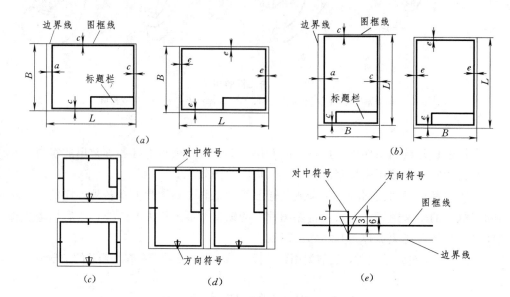

图 1.8　图纸幅面格式（单位：mm）

（a）x 型（横放）；（b）y 型（竖放）；（c）特殊 x 型；（d）特殊 y 型；（e）方向符号与对中符号的画法

3. 标题栏

不论图纸是横放或竖放，都应在图框右下角画出标题栏。标题栏中的文字方向为看图方向。标题栏的格式及项目一般由设计单位自定。学校制图作业中的标题栏建议采用图1.9所示的格式和尺寸。

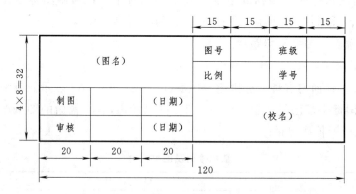

图 1.9　作业用标题栏（单位：mm）

1.2.2　比例

比例指图样中机件要素的线段尺寸与实际机件相应要素的线性尺寸之比。比例符号为"："，以 $1:n$ 或 $n:1$ 的形式标示在标题栏里，如 $1:1$、$1:500$、$20:1$ 等，并且绘图时，应根据图纸的大小和所绘物体的复杂程度，优先从表1.3规定的系列中选取比例形式中适当的 n 值。必要时，也允许选用表1.4中的比例。

注意：图样上所注尺寸数字是多大，物体的实际尺寸就是多大。物体的大小与比例无关，如图1.10所示。

表1.3 常 用 比 例

种 类	比 例		
原值比例	1：1		
放大比例	5：1 5×10^n：1	2：1 2×10^n：1	1×10^n：1
缩小比例	1：2 $1：2 \times 10^n$	1：5 $1：5 \times 10^n$	1：10 $1：1 \times 10^n$

表1.4 可 用 比 例

种 类	比 例				
放大比例	4：1 4×10^n：1		2.5：1 2.5×10^n：1		
缩小比例	1：1.5 $1：1.5 \times 10^n$	1：2.5 $1：2.5 \times 10^n$	1：3 $1：3 \times 10^n$	1：4 $1：4 \times 10^n$	1：6 $1：6 \times 10^n$

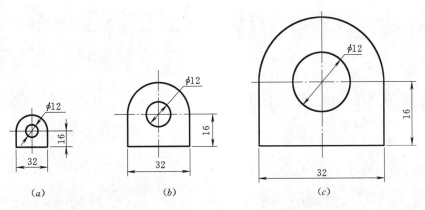

图1.10 图中所注尺寸就是物体的大小，与比例无关
(a) 1：2；(b) 1：1；(c) 2：1

1.2.3 字体

一张样图由图线和字体组成。字体包括汉字、字母和数字。图样上字体的书写必须符合国标。否则，不仅影响图面质量，而且容易引起误读，甚至造成不必要的事故。因此，国标中对字体作出了明确的规定，总的规定是：字体工整，笔画清楚，间隔均匀，排列整齐。字体的号数即字体的字高 h（单位：mm）国标中也作了详细的规定，分为20、14、10、7、5、3.5、2.5、1.8八种。字体的宽度约为字高的2/3。

1. 汉字

工程图样中的汉字应写成长仿宋体，并应采用国家正式公布推行的《汉字简化方案》中规定的简化字。汉字的字高不应小于3.5mm。长仿宋体字书写有如下特点：

横平竖直，起落有锋，排列整齐，布格匀称。长仿宋体字书写示例如图 1.11 所示。

一二三四五六七八九十上下左右

工业民用建筑房屋平立剖面详图

结构施说明比例尺寸长宽高厚度

砖瓦木石砂浆钢筋混凝土截校核

楼梯门窗基础楼板梁柱墙浴地层

图 1.11　长仿宋体字书写示例

2. 字母和数字

工程图样中的字母和数字应按国标规定的示例书写。字母和数字的高度 h 不应小于 2.5mm，字宽、间隔、行距与字高的关系和汉字相同，如图 1.12 和图 1.13 所示。

图 1.12　斜体字母和数字字体示例

图 1.13　直体字母和数字字体示例

1.2.4　图线

在图样上所画的图形是由不同的线型和不同粗细的图线组成的。为了清楚地表现物体，并且能够分清主次，国家对图线的线宽、线型、画法均作了明确规定。

1. 线宽

图线按线宽分为粗线、中粗线和细线三种，它们的宽度比为 4∶2∶1。同类图线的宽度应一致。工程图中，习惯把粗实线的宽度用 b 表示。

2. 线型

工程制图中，常用的线型见表 1.5。

表 1.5　　　　　　　　　　　　　常　用　线　型

名称		线　型	常用线宽	一　般　用　途
实线	粗		b	主要可见轮廓线
	中		$0.5b$	可见轮廓线
	细		$0.25b$	可见轮廓线、图例线
虚线	粗		b	见有关专业制图标准
	中		$0.5b$	不可见轮廓线
	细		$0.25b$	不可见轮廓线、图例线等
点划线	粗		b	见有关专业制图标准
	中		$0.5b$	见有关专业制图标准
	细		$0.25b$	中心线、对称线等
双点划线	粗		b	见有关专业制图标准
	中		$0.5b$	见有关专业制图标准
	细		$0.25b$	假想轮廓线、成型前原始轮廓线
折断线			$0.25b$	断开界线
波浪线			$0.25b$	断开界线

图线的应用示例如图 1.14 所示。

1.8 ▶

图线画法1

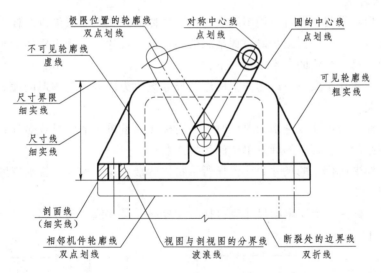

图 1.14　图线的应用

1.9 ▶

图线画法2

3. 图线的画法及注意事项

（1）同一图样中同类图线的宽度和浓淡应基本一致。画图时，图线的宽度靠削磨铅芯来保证，图线的浓淡靠手力来掌握。

（2）虚线、点划线和双点划线的线段长度和间隔应各自大致相等。线段的长短和间隔靠目测控制。

（3）点划线、双点划线与其他图线相交时，应该以其中的线段相交。点划线和双点划线的首末两端应该是线段，并应超出图形轮廓外 3～5mm。图线间的规定画法见表 1.6。

表 1.6　　　　　　　　　　　　　图线间的规定画法

图线间关系	正确画法	错误画法	文字说明
虚线是粗实线的延长线			虚线为粗实的延长线时，粗实线应画到分界点，留空隙后再画线
图线相交			图线与图线相交必须以线段相交，不得在间隔或点处相交
虚线相交			圆弧虚线与直虚线相切时，圆弧虚线画至切点处留空隙后再画直虚线
点划线与轮廓线相交			圆心应为点划线的线段交点，点划线应超出轮廓线约 3～5mm，且首末应是线段。在较小的图形上绘制点划线有困难时，可用细实线代替

1.2.5　尺寸注法

物体的形状及其特点可以用图线表达，而物体的真实大小只能以图样上所注的尺寸数值来表示。因此，必须正确、详细和清晰地标注尺寸，以确定物体大小，作为施工时的依据。尺寸注法的基本规则如下：

（1）物体的真实大小应以图样上所注的尺寸数值为依据，与图形的大小及绘图的准确程度无关。

（2）图样中的尺寸以毫米为单位时，不需标注计量单位的代号或名称；若采用其他单位，则必须注明相应的计量单位的代号或名称。

（3）图样中所标注的尺寸为该图样所示物体的最后完工尺寸，否则应另加说明。

1. 尺寸的组成

在图样上标注一个完整的尺寸应包括尺寸界线、尺寸线、尺寸起止符号和尺寸数字，如图 1.15（*a*）所示。

1.10　►
尺寸注法

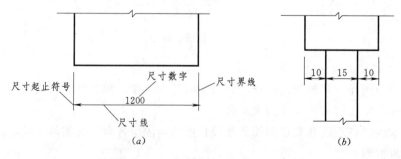

图 1.15　尺寸的组成（单位：mm）

（1）尺寸界线：用来限定所注尺寸的范围。用细实线绘制，一般应从图形的轮廓线、轴线或对称中心线引出，并与被注线段垂直，一端离开图样轮廓线不小于 2mm，另一端超出尺寸线 2～3mm。必要时，图样轮廓线、轴线或对称中心线可以作尺寸界线，如图 1.15（b）所示。

（2）尺寸线：用来表示尺寸的方向。用细实线绘制，应与被注长度平行，间距一般不小于 5mm，且与尺寸界线垂直，并不宜超出尺寸界线。任何图线均不得用作尺寸线。

（3）尺寸起止符号：尺寸起止符号一般用箭头或中粗斜短线绘制，其倾斜方向与尺寸界线成顺时针 45°角，长度宜为 2～3mm，如图 1.16（a）所示。

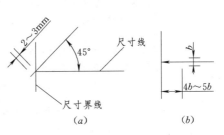

图 1.16　尺寸起止符号
(a) 45°倾角短线；(b) 箭头

半径、直径、角度、弧长的尺寸起止符号用箭头表示，箭头应指向尺寸界线，并与尺寸界线接触，如图 1.16（b）所示。

（4）尺寸数字：图样上的尺寸，应以尺寸数字为准，不得从图上直接量取。图样上的尺寸单位，除标高及总平面图以米为单位外，其他均以毫米为单位。尺寸数字不得被任何图线穿过，不可避免时，应断开图线。

2. 常用尺寸的规定注法

线性尺寸、圆和圆弧尺寸、球面尺寸、弧长弦长尺寸、角度尺寸、坡度尺寸等标注的方法各有特点，有关标注的规定形式见表 1.7。

表 1.7　　　　　　　　　常用尺寸规定注法

项目	说　明	图　例
线性尺寸数字的注写方向	1. 水平尺寸字头朝上，铅垂尺寸字头朝左，倾斜尺寸应保证字头朝上的趋势，如图例（a）所示。 2. 尽量避免图例（a）所示 30°范围内标注尺寸，当无法避免时，允许按图例（b）所示形式标注	（见图）
尺寸排列与布置	1. 相互平行的尺寸线，应从图样轮廓线由近向远整齐排列，小尺寸在内，大尺寸在外，如图例（a）所示。 2. 尺寸数字依据其注写方向应注写在靠近尺寸线的上方中部，如果没有足够的注写位置，最外边的尺寸数字可注写在尺寸界线的外侧，中间的尺寸数字可引出注写，如图例（b）所示。 3. 尺寸数字不得被任何图线穿过，不可避免时，应断开图线，如图例（c）所示	（见图）

1.11 ▶
线性尺寸数字的注写方向 1

1.12 ▶
线性尺寸数字的注写方向 2

13

项　目	说　明	图　例
圆和圆弧尺寸的标注	1. 标注直径或半径的尺寸时，应在数字前分别加注符号 ϕ 或 R。 2. 圆和大于半圆的圆弧应标注直径，半圆和小于半圆的圆弧应标注半径，如图例（a）所示。 3. 大圆弧的注法：当圆弧半径过大并且需要标明其圆心位置时可按图例（b）的方法标注；若不需要标明圆心位置，则可按图例（c）的方法标注	
球面尺寸的标注	在标注球面直径或半径时，应在符号"ϕ"或"R"前加注符号"S"	
角度和弧长弦长的尺寸标注	1. 尺寸线沿径向引出，尺寸线是以角度顶点为圆心的圆弧，角度数字一律水平注写，一般注写在尺寸线的中断处，也可注写在尺寸线外或引出标注，如图例（a）所示。 2. 标注圆弧的弧长时，尺寸线以与该圆弧同心的圆弧线表示，尺寸界线垂直于该圆弧的弦长，起止符号用箭头表示，弧长数字的上方应加注圆弧符号，如图例（b）所示。 3. 标注圆弧的弦长时，尺寸线以平行于该弦的直线表示，尺寸界线垂直于该弦，起止符号用短斜线表示，如图例（c）所示	
小尺寸的标注	尺寸界线之间没有足够位置画箭头或注写尺寸数字时，可按右列形式标注	
坡度的标注	1. 标注坡度时，在坡度数字下方应加注坡度符号，坡度符号的箭头，一般指向下坡方向，如图例（a）、（b）所示。 2. 坡度也可用直角三角形形式标注，如图例（c）所示	
其他的尺寸标注	杆件或管线的长度，在单线图（桁架简图、钢筋简图、管线图等）上，可直接将尺寸数字沿杆件或管线的一侧注写，如图例（a）、（b）所示	

1.13 ▶

圆和圆弧尺寸的标注

1.14 ▶

角度和弧长弦长的尺寸标注

1.15 ▶

尺寸标注综合举例1

1.16 ▶

尺寸标注综合举例2

1.2.6 建筑材料图例

水利工程中所使用的建筑材料是多种多样的。在剖视图与剖面图中，常要根据工程中所用材料画出建筑材料图例，使图样中能清楚地表示材料类别而便于生产和施工。常用的建筑材料图例见表1.8。

表1.8　　　　　　　　　　常 用 建 筑 材 料 图 例

序号	名称	图　　例	说　　明
1	自然土壤		包括各种自然土壤，徒手绘制
2	夯实土壤		斜线为45°细实线，用尺绘制
3	砂，灰土		点为不均匀的小圆点，靠近轮廓线的点较密
4	普通砖		1. 包括砌体、砌块。 2. 断面较窄，不易画图例线时，可涂红
5	混凝土		1. 本图例仅适用于能承重的混凝土及钢筋混凝土。 2. 包括各种标号、骨料、添加剂的混凝土。
6	钢筋混凝土		3. 在断面图上画出钢筋时，不画图例线。 4. 断面较窄，不易画图例线时，可涂黑
7	金属		1. 包括各种金属。 2. 图形小时，可涂黑
8	木材		1. 上图为横断面，左上图为垫木、木砖、木龙骨。 2. 下图为纵断面
9	干砌块石		石缝要错开，空隙不涂黑
10	浆砌块石		石头之间空隙要涂黑
11	碎石		石头有棱角
12	岩基		以岩石作为建筑物的地基
13	饰面砖		包括铺地砖、马赛克、陶瓷锦砖、人造大理石等
14	防水材料		构造层次多或比例较大时，采用此图例

1.3 几 何 作 图

图样中的图线，是由直线、圆及圆弧组合而成。为了保证绘图质量，提高制图的准确性和速度，除正确使用绘图工具外，还必须熟练。所谓几何作图，就是根据已知条件按几何定理用绘图仪器和工具作图。

基本作图方法如下。

1. 作已知线段的垂直平分线

方法如图1.17所示。

(1) 已知直线 AB，如图1.17 (a) 所示。

(2) 以大于 $AB/2$ 的线段 R 为半径，分别以 A 和 B 为圆心作圆弧，得交点 C 和

1.17 ▶

作已知直线的平行线

1.18 ▶

作已知直线的垂直线

15

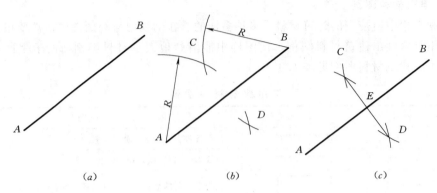

图 1.17 作直线的垂直平分线

交点 D，如图 1.17（b）所示。

（3）连接 C、D，与直线 AB 的交点 E 即为所求。交点 E 等分 AB，如图 1.17（c）所示。

2. 作已知线段的任意等分

可采用平行线法。以五等分线段 AB 为例，方法如图 1.18 所示。

1.19

三等分线段

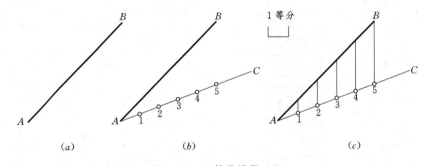

图 1.18 五等分线段 AB

（1）已知直线 AB，如图 1.18（a）所示。

（2）过点 A 作任意直线 AC，在 AC 上从 A 点起截取五个单位长，得到 1、2、3、4、5 点，如图 1.18（b）所示。

1.20

五等分圆周

（3）连接 B、5 点后，再过其他四个点分别作直线平行于 $B5$，交 AB 于四个等分点，即为所求，如图 1.18（c）所示。

3. 等分圆周和作正多边形

等分圆周和作正多边形的方法步骤见表 1.9。

4. 椭圆

椭圆是非圆曲线，绘制样图中常用同心圆法或四心圆法来近似绘制椭圆，作图方法和步骤见表 1.10。

1.21

绘制椭圆

5. 圆弧连接

圆弧连接指用给定半径的圆弧，将直线与直线、直线与圆弧、圆弧与圆弧光滑连接。起连接作用的圆弧也叫连接圆弧。圆弧连接的形式虽然有很多种，但求连接圆弧还是有一定规律的。解决圆弧连接的问题，就是要准确地求出连接圆弧的圆心位置和作为连接点的切点位置。

（1）圆弧连接的基本原理。表 1.11 列出了求连接圆弧圆心和切点的基本原理。

表 1.9　　　　　　　　　等分圆周和作正多边形的方法

项　目	作 图 步 骤 及 图 例		
三等分圆周及作圆内接正三边形	1. 已知圆心 O 及直径 AB、CD	2. 以 D 点为圆心，OD 为半径画圆弧，交圆周于 1、2 两点，点 1、2、C 分圆周三等分	3. 连接 1、2、C 三点，即得圆内接正三边形
六等分圆周及作圆内接正六边形	1. 已知圆心 O 及直径 AB、CD	2. 分别以 A、B 为圆心，OA、OB 为半径画圆弧，与圆周相交于点 1、2、3、4，则 1、2、3、4、A、B 六点为等分点	3. 依次连接 A、2、3、B、4、1 各点，即得圆内接正六边形
任意等分圆周及作圆内接正 n 边形（以五等分圆周及作圆内接正五边形为例）	1. 已知圆心 O 及直径 AB	2. 将直径 AB 分为五等分，以 B 为圆心，AB 为半径作圆弧，交水平中心线于 M、N 两点	3. 自 M、N 分别向 AB 上的各偶数点（或奇数点）作连线并延长，交圆周于 C、D、E、F；则 A、C、D、F、E 点为等分点，依次连接各等分点，即得圆内接正五边形

（2）圆弧连接的基本形式及作图方法。圆弧连接的基本形式及作图方法见表 1.12。

表 1.10　　　　　　　　　　　　　椭 圆 的 画 法

项　目	作 图 步 骤 及 图 例		
四心圆法画椭圆	1. 已知椭圆的长轴 *AB* 和短轴 *CD*。以 *O* 为圆心、*OA* 为半径画弧交短轴延长线于点 *E*。再以 *C* 为圆心，*CE* 为半径画弧交 *AC* 于点 *F*	2. 作线段 *AF* 的垂直平分线，与长、短轴分别交于 1、2 两点，再取 1、2 的对称点 3、4 得四个圆心。将点 21、23、41、43 相连并延长	3. 分别以 1、3 为圆心，1A（或 3B）为半径画弧交至连心延长线，再分别以 2、4 为圆心，2C（或 4D）为半径画弧交至连心延长线，即得所求近似椭圆，图中点 *M*、*N*、*G*、*H* 为切点
同心圆法画椭圆	1. 已知椭圆的长轴 *AB* 和短轴 *CD*。以 *O* 为圆心，分别以 *OA*、*OC* 为半径作两个同心圆	2. 将两同心圆等分（如图 12 等分），得各等分点 *E*、*F*、*G*、*H*、…和 *e*、*f*、*g*、*h*、…过大圆的等分点作短轴的平行线，过小圆上的等分点作长轴的平行线，分别交于 1、2、3、…各点，即为椭圆上的点	3. 用曲线板依次将所求椭圆上各点对称而光滑地连接，即得椭圆

表 1.11　　　　　　　　　　　　圆弧连接的基本原理

项　目	连接弧与已知直线相切	连接弧与已知圆 O_1 外切	连接弧与已知圆 O_2 内切
图例			
连接圆弧心的轨迹	半径为 *R* 的圆与已知直线 *AB* 相切时，其圆心轨迹为与已知直线 *AB* 平行的直线 *CD*，其距离为圆的半径 *R*	半径为 *R* 的圆与已知圆 O_1 外切时，其圆心轨迹为已知圆 O_1 的同心圆，半径为两者的半径和 $R+R_1$	半径为 *R* 的圆与已知圆 O_2 内切时，其圆心轨迹为已知圆 O_2 的同心圆，半径为两者的半径差 R_2-R
切点位置	由连接弧圆心 *O* 向已知直线 *AB* 作垂线，与直线的交点 *K* 即为切点	两圆弧的连心线 OO_1 与已知圆周的交点 *K* 即为切点	两圆弧连心线 OO_2 的延长线与已知圆周的交点 *K* 即为切点

表 1.12 　　　　　　　　　　**圆弧连接的基本形式及作图方法**

连接形式	已知条件	作 图 方 法 和 步 骤	
用圆弧连接 两已知 直线	已知半径 R 和斜交两直线 AB、CD	1. 作与 AB、CD 直线平行且相距为 R 的两直线，交点 O 为圆弧圆心，自 O 点向两已知边垂线，垂足 M、N 即为切点	2. 以 O 点为圆心，R 为半径在两切点 M、N 之间画圆弧即为所求
圆弧连接 一直线和 一圆弧	已知直线 L、半径为 R_1 的圆弧和连接圆弧的半径 R	1. 作距离直线 L 为 R 的平行线 I，再以 O_1 为圆心、R_1+R 为半径作圆弧，交直线 I 于点 O	2. 连接 O_1O，交已知圆弧于切点 N，过 O 作直线 L 的垂线得垂足 M，为切点。以 O 为圆心、R 为半径画弧从 M 到 N，即为所求
连接圆弧与 两圆弧均 外切	已知外切圆弧半径 R 和半径为 R_1、R_2 的两已知圆弧	1. 以 O_1 为圆心、R_1+R 为半径作圆弧，以 O_2 为圆心、$R+R_2$ 为半径作圆弧，两弧交点 O 即为连接圆弧圆心	2. 连接 OO_1 和 OO_2，分别交圆弧 O_1、O_2 于切点 M、N，以 O 为圆心、R 为半径画弧从 M 到 N，即为所求
连接圆弧与 两圆弧均 内切	已知内切圆弧半径 R 和半径为 R_1、R_2 的两已知圆弧	1. 以 O_1 为圆心、$R-R_1$ 为半径作圆弧，以 O_2 为圆心、$R-R_2$ 为半径作圆弧，两弧交点 O 即为连接圆弧圆心	2. 延长 OO_1、OO_2，分别交圆弧 O_1、O_2 于切点 M、N，以 O 为圆心、R 为半径画弧从 M 到 N，即为所求

1.22 ●

用圆弧连接
两已知直线
—锐角

1.23 ●

用圆弧连接
两已知直线
—钝角

1.24 ●

用圆弧连接
两已知直线
—直角

1.25 ●

连接圆弧与
两圆弧均
外切

1.26 ●

连接圆弧与
两圆弧均
内切

续表

连接形式	已知条件	作图方法和步骤	
连接圆弧与两圆弧内外切	 已知连接圆弧半径 R 和半径为 R_1、R_2 的两已知圆弧	1. 以 O_1 为圆心、$R_1 + R$ 为半径，以 O_2 为圆心、$R - R_2$ 为半径作圆弧，两弧交点 O 即为连接圆弧圆心	2. 连接 OO_1、OO_2 交圆弧 O_1、O_2 于切点 M、N，以 O 为圆心、R 为半径画弧从 M 到 N，即为所求

1.27
连接圆弧与两圆弧内外切

1.4　平面图形的画法

　　1.3 节介绍了几何图形的画法，在此基础上，本节介绍由若干直线段和曲线段连接而成的平面图形的画法。平面图形一般都是封闭的，因此，在画图前，必须对图形进行尺寸分析和线段性质分析，得出组成平面图形的直线段和曲线段的画图顺序后，才能正确地画出图形和标注尺寸。

1.4.1　平面图形的尺寸分析

　　根据尺寸在平面图形中所起的作用不同，分为定形尺寸和定位尺寸两类。

　　（1）定形尺寸。用来确定平面图形中各组成几何元素大小的尺寸，如直线段的长度，圆及圆弧的半径、直径等的尺寸，如图 1.19 中的尺寸 $\phi20$、$\phi12$、20、$R8$、$R30$、$R50$ 等。

　　（2）定位尺寸。用来确定平面图形中各组成几何元素之间相对位置的尺寸，对于平面图形应有水平及铅垂两个方向的定位尺寸，如图 1.19 中的尺寸 80，是确定 $R8$ 圆弧左右位置的尺寸，属定位尺寸。需指出，确定圆及圆弧的圆心位置的两个尺寸，都属于定位尺寸。

　　应该指出，有些尺寸在平面图形中既是定形尺寸，又是定位尺寸。

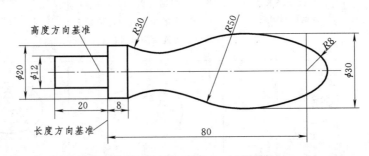

图 1.19　平面图形的尺寸和线段分析

1.4.2　平面图形的线段分析

　　平面图形中的线段（直线段和曲线段）按所给尺寸的完整性可分为已知线段、中间线段和连接线段三种。

（1）已知线段。定形尺寸和定位尺寸齐全，根据所注尺寸即可绘制的线段。如图 1.19 中左边两个矩形的边线及 $R8$ 圆弧均为已知线段。需指出，平面图形中的直线段都是已知线段，因为它们的长度和位置都已经确定。

（2）中间线段。具有定形尺寸和一个方向的定位尺寸，另一个方向的定位尺寸需依赖其相接的已知线段得到的线段。图 1.19 中的 $R50$ 圆弧，缺少圆心长度方向的定位尺寸，故为中间线段。

（3）连接线段。只有定形尺寸没有定位尺寸，需根据两个连接关系才能画出的线段。如图 1.19 中的 $R30$ 圆弧，其圆心的两个方向的定位尺寸都没有给出，所以是连接线段。

应该指出，平面图形中的中间线段和连接线段都是圆和圆弧，因此，也分别称为中间圆弧和连接圆弧。对平面图形进行线段分析，主要就是分析确定圆和圆弧的圆心位置的尺寸是否完整。

1.4.3 平面图形的画法

由以上分析可知，平面图形的作图顺序如下：

（1）画出基准线、已知直线、已知圆弧 $R8$。

（2）画出中间圆弧 $R50$。

（3）画出连接圆弧 $R30$。

（4）描深、标注尺寸。

平面图形的作图步骤见表 1.13。

表 1.13　　　　　　　　　　　　　平面图形的作图步骤

作图步骤	图　　例
1. 作基准线，主要定位线和已知圆弧	
2. 作中间线段 $R50$ 圆弧，它与 $R8$ 圆弧内连接	
3. 作连接线段 $R30$ 圆弧，它与 $R50$ 圆弧外连接并通过矩形的顶点 A（或 B）。完成图形后描深、注尺寸	

1.28 ▶

平面图形的绘图步骤

1.29 ▶

标注平面图形

21

1.5 制图的步骤和方法

1.5.1 仪器绘图

1.30 ▶
制图步骤

为了保证绘图的质量和速度，除应遵守制图的有关标准和正确使用各种制图工具外，还应注意绘图的步骤和方法。绘图步骤和方法因图的内容和绘图者的习惯而各不相同，这里建议的是一般的绘图步骤和方法。

1. 绘图前的准备工作

（1）准备好必要的制图工具，包括削磨铅笔及圆规上的铅芯，用清洁软布将图板、丁字尺、三角板擦干净，洗净双手以免弄脏图纸。

（2）布置好绘图工作地点，光线应从左上方照射图板；将常用的工具和仪器放在图板右上方，便于取阅。

（3）阅读必要的参考资料，了解所绘图形的内容与要求，确定图样的比例、图纸的大小。

（4）将选定的图纸固定在图板下方，固定图纸时，应使图纸的上下边与丁字尺尺身工作边平行，图纸与图板边留有适当的空隙。

2. 画底稿

（1）画图框线和标题栏。

（2）根据选定的比例布置图形，使图形在图纸上的位置和大小适中，各图形间应留有适当空隙及标注尺寸的位置。

（3）先画图形的基准线、对称线及主要轮廓线，再逐步画出细部，最后标注尺寸。

（4）仔细检查图形中图线及尺寸有无错误或遗漏，修正后，擦去多余的作图线。

画底稿用 2H 或 H 铅笔，画出的线条应轻而细，并要区分线型类别，但不分粗细。画底稿时应一丝不苟，精确量画，避免错误。底稿完成后，应认真检查，改正错误并擦去多余图线。

3. 铅笔加深

为了使同类线型粗细一致，可以按线宽分批加深：先加深点划线和粗实线，再加深中虚线、细实线最后加深双点划线、折断线和波浪线。

加深同类型图线的顺序一般是先曲线后直线。加深同类型的直线时，通常先从上向下加深所有的水平线，再从左向右加深所有的铅垂线，最后加深倾斜线。

图线加深完毕后，再加深尺寸、书写文字。写字前，必须按选定的字号打格书写。加深后的图形应做到粗细分明，符合国标的规定粗线（如粗实线）和中粗线（如中虚线），常用 HB 或 B 铅笔加深；细线（如细实线、细点划线、折断线及波浪线等）常用 H 或 2H 铅笔加深。加深圆弧时，圆规的铅芯应比画直线时的铅芯软一号。

4. 检查、复核

以上制图步骤完成后，应对所绘图纸认真检查和复核，避免错误。

1.5.2 徒手画图

徒手图也称草图，它是以目测估计图形与实物的比例。在生产实践中，经常需要人们通过绘制草图来记录或表达技术思想，因此，徒手画图是工程技术人员必备的一项重要的基本技能。

画徒手图的基本要求：画线要稳、图线要清晰、目测尺寸要准（尽量符合实际）、绘图速度要快、标注尺寸无误。

要画好徒手图，必须掌握徒手绘制各种线条的基本手法。徒手画图练习可先在方格纸上练习，在画各种图线时，手腕要悬空，小指接触纸面。徒手图不需固定图纸，为了顺手，可以随时转动图纸。画徒手图一般选用 HB 或 B 的铅笔，粗细各一支，分别用于绘制粗、细线。铅芯削磨成圆锥状，画粗实线的铅芯应削磨得较钝，画细线的铅芯应削磨得较尖。

1. 直线的画法

画直线时，笔由起点，沿着画线方向移动，眼要注意终点方向，保证图线画得直。

画水平线时，自左向右画线；画竖直线时，自上而下画线；画斜线时，自上而下画线。如图 1.20 所示。

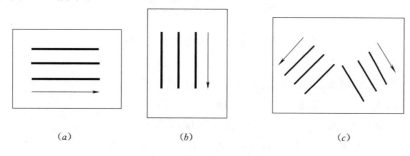

图 1.20　徒手画直线的方法
（a）画水平线；（b）画竖直线；（c）画斜线

2. 圆的画法

画小圆时，先定出圆心位置，过圆心画出两条相互垂直的中心线，然后按半径在中心线上目测截取四个点，分四段连接成圆，如图 1.21（a）所示。画较大直径圆时，可通过圆心加画一对十字线，按半径目测定出八个点，连接成圆，如图 1.21（b）所示。

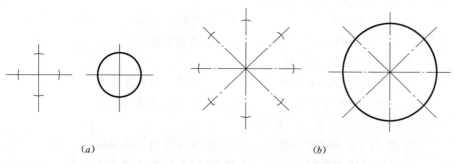

图 1.21　徒手画圆的方法
（a）画小圆；（b）画大圆

3. 常用角度的画法

画 45°、30°、60°等常见角度时，可根据两直角边的比例关系，在两直角边上定出几点，然后画线，如图 1.22 所示。

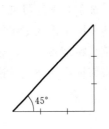
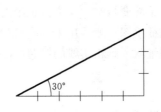
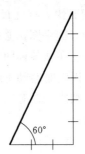

图 1.22　角度线的徒手画法

复 习 思 考 题

1.1　国家标准中优先采用的图纸基本幅面有（ ）种。

　　A. 3　　　　　B. 4　　　　　C. 5　　　　　D. 6

1.2　A0 图纸幅面是 A4 图纸幅面的 （ ） 倍。

　　A. 4　　　　　B. 8　　　　　C. 16　　　　D. 32

1.3　国家标准中规定标题栏正常情况下应画在图框的 （ ）。

　　A. 左上角　　B. 右上角　　C. 左下角　　D. 右下角

1.4　用下列比例分别画同一个机件，所绘图形最大的比例是 （ ）。

　　A. 1 : 1　　　B. 1 : 5　　　C. 5 : 1　　　D. 2 : 1

1.5　在尺寸标注中，尺寸线为 （ ）。

　　A. 粗实线　　B. 点划线　　C. 细实线　　D. 虚线

1.6　图形上标注的尺寸数字表示 （ ）。

　　A. 画图的尺寸　　　　　　　　B. 机体的实际尺寸

　　C. 随比例变化的尺寸　　　　　D. 图线的长度尺寸

1.7　绘制圆弧连接图时，应确定 （ ）。

　　A. 切点的位置　　　　　　　　B. 连接圆弧的圆心

　　C. 先定圆心再定切点　　　　　D. 连接圆弧的大小

1.8　平面图形中的尺寸分为 （ ）。

　　A. 定形尺寸和圆弧尺寸　　　　B. 定位尺寸和直线尺寸

　　C. 定形尺寸和定位尺寸　　　　D. 圆弧尺寸和直线尺寸

1.9　平面图形分析包括 （ ）。

　　A. 尺寸分析和线段分析　　　　B. 图形分析和线型分析

　　C. 画法分析和线型分析　　　　D. 线段分析和连接分析

1.10　绘制平面图形时，应首先绘制 （ ）。

　　A. 连接线段　　B. 中间线段　　C. 已知线段　　D. 基准线

第2章 投影基本知识

1. 教学目标和任务

（1）理解投影法，掌握正投影的三个基本性质。

（2）理解三视图与空间物体的对应关系，掌握三视图"长对正、高平齐、宽相等"的投影规律。

（3）掌握各类基本体的形体特点及视图特征；能根据基本体的视图特征快速想象出基本体的空间形状。

（4）掌握简单体的组合方式并正确地绘制出简单体的三视图；也能通过简单体的三视图想象出其空间形状。

2. 教学重点和难点

（1）教学重点：投影法的概念；三视图的形成；三视图的投影规律；基本体的形体特点及视图特征。

（2）教学难点：三视图与空间物体的对应关系；三视图的投影规律（尤其是宽相等）；根据简单体的三视图，想象出其空间形状。

3. 岗课赛证要求

熟练掌握三视图的投影规律，是正确绘制形体三视图的基础。

2.1 投影的概念及分类

2.1.1 投影的概念

用灯光或日光照射物体，在地面或墙面上就会产生影子，这种现象就称为投影。找出影子和物体之间的关系并加以科学的抽象，逐步形成了投影的方法。

形成投影的基本条件是："投影中心—物体—投影面"。

如图 2.1 所示，设投影中心光源为 S，过投影中心 S 和空间点 A 作投射线 SA 与投影面 P 相交于一点 a，点 a 就称为空间点 A 在投影面 P 上的投影。同样 b、c 是 B、C 的投影。由此可知点的投影仍然是点。

如果将 a、b、c 各点连成几何图形 $\triangle abc$，即为空间 $\triangle ABC$ 在投影面 P 上的投影，如图 2.2 所示。

上述在投影面上作出形体投影的方法就称为投影法。

2.1.2 投影法的种类

1. 中心投影法

投射线都从投影中心一点发出，在投影面上作出形体投影的方法称为中心投影法，如图 2.2 所示。工程图学中常用中心投影法的原理画透视图，这种图接近于视觉

2.1 ▶

投影的概念

2.2 ▶

中心投影

映像，直观性强，是绘制建筑物常用的一种图示方法。

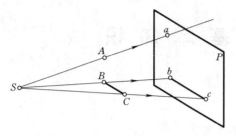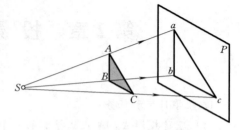

图 2.1　点、线的中心投影　　　　图 2.2　平面的中心投影

2. 平行投影法

平行投影法可以看成是中心投影法的特殊情况，因为假设投影中心 S 在无穷远处，这时的投射线就可以看作是互相平行的。由互相平行的投射线在投影面上作出形体投影的方法称为平行投影法，如图 2.3 所示。

平行投影法中，因为投影方向 S 的不同又可分为两种：

（1）斜投影。投射线倾斜于投影面，如图 2.3（a）所示。

（2）正投影。投射线垂直于投影面，也叫直角投影，如图 2.3（b）所示。

正投影有很多优点，它能完整、真实地表达形体的形状和大小，不仅度量性好，而且作图简便。因此，正投影法是工程中应用最广的一种图示法，也是本课程中学习的主要内容。

2.3

斜投影

2.4

正投影

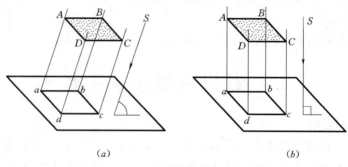

（a）　　　　　　　　　　　　（b）

图 2.3　平行投影法

（a）斜投影；（b）正投影

2.1.3　投影图种类和用途

工程上常用的几种投影图见表 2.1。

2.1.4　直线和平面的投影特性

构成物体最基本的元素是点，直线是由点移动形成的，而平面是由直线移动形成的。在正投影法中，点的投影仍然是点，如图 2.4（a）中 D 点的投影是 d。直线和平面的投影具有以下基本特性。

1. 积聚性

当直线、平面垂直于投影面时，投影积聚成点和直线，这种投影特性称为积聚性。

如图 2.4（a）中直线 EF 和平面 ABC 都垂直于投影面 H，直线的投影 $e(f)$ 积聚成一点；平面的投影 abc 积聚成一直线。

表 2.1　　　　　　　　　　　　**工程上常用的几种投影图**

类型		图　　例		特点及应用
中心投影法	透视图	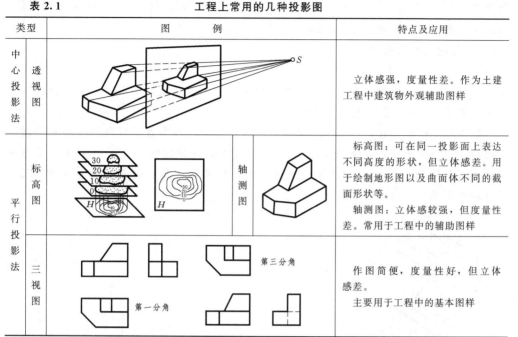		立体感强，度量性差。作为土建工程中建筑物外观辅助图样
平行投影法	标高图		轴测图	标高图：可在同一投影面上表达不同高度的形状，但立体感差。用于绘制地形图以及曲面体不同的截面形状等。 轴测图：立体感较强，但度量性差。常用于工程中的辅助图样
	三视图	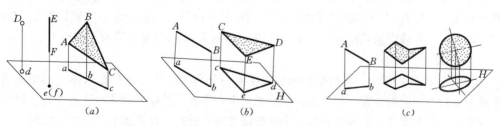		作图简便，度量性好，但立体感差。 主要用于工程中的基本图样

2.5 ▶

积聚性

2.6 ▶

真实性

2.7 ▶

类似性

2. 真实性

当直线、平面与投影面平行时，投影反映实长和实形，这种投影特性称真实性。如图 2.4（b）中直线 AB 和平面 CDE 都平行于投影面 H，其投影 ab 的长度等于直线 AB 的实长；投影 cde 等于平面 CDE 的真实形状。

3. 类似性

当直线、平面与投影面倾斜时，直线的投影仍是直线，但比实长短；平面的投影成为一个与它既不全等也不相似的类似多边形，这种投影特性称为类似性。如图 2.4（c）中直线 AB 和平面都倾斜于投影面 H，直线的投影 ab 比实长短；平面的投影仍是五边形和椭圆，类似变小。

图 2.4　点、线、面的正投影

（a）积聚性；（b）真实性；（c）类似性

2.2　三视图的形成及投影规律

根据正投影的特性，假想用视线代替平行投影中的投射线，将物体向投影面作正投影时，所得的图形称为视图。图 2.5 所示为三个不同的形体，它们在一个投影面上的视图完全相同。这说明仅有形体的一个视图，一般不能确定空间形体的结构形状，故采用多面正投影，初学时常以画三视图作为基本训练方法。

2.2.1 三视图的形成

1. 投影面的设置

图 2.6 所示为设置三个互相垂直的投影面，称为三面投影体系，把空间分成八个分角，把形体正放在第一分角中进行投影。

如图 2.7 所示，在第一分角三个投影面中，直立在观察者正对面的投影面叫做正立投影面，简称正面，用字母 V 标记；水平位置的投影面称为水平投影面，简称水平面，用字母 H 标记；右侧的投影面称为侧立投影面，简称侧面，用字母 W 标记。也可简称 V 面、H 面、W 面。

2.9 三面投影体系

2.10 三视图的形成

2.8 视图

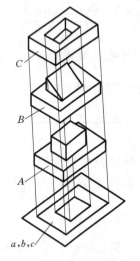
图 2.5 不同物体在一个投影面上的单面视图

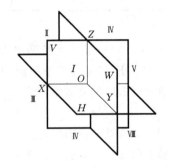
图 2.6 八个分角

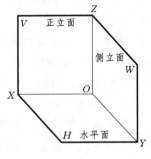
图 2.7 第一分角

三个投影面的交线 OX、OY、OZ 称为投影轴。三根投影轴互相垂直相交于一点 O，称为原点。以原点 O 为基准，可以沿 X 方向度量长度尺寸和确定左右位置；沿 Y 方向度量宽度尺寸和确定前后位置；沿 Z 方向度量高度尺寸和确定上下或高低位置。

2. 分面进行投影

如图 2.8（a）所示，我们把形体正放在第一分角中，正放就是把形体上的主要表面置于平行投影面的位置。形体的位置一经放定，作各个视图时就不允许再变动。然后将组成此形体的各几何要素分别向三个投影面投影，就可在投影面上画出三个视图。

从物体的前面向后看，在正面（V）上得到的视图叫做正视图。从物体的上面向下看，在水平面（H）上得到的视图叫做俯视图。从物体的左面向右看，在侧面（W）上得到的视图叫做左视图。

3. 投影面的展开摊平

为了把三面视图画在同一张图纸上，即同一平面上，就必须把三个互相垂直相交的投影面展开摊平成一个平面。其方法如图 2.8（b）所示，V 面保持不动，使 H 面

28

绕 X 轴向下旋转 $90°$ 与 V 面成一平面，让 W 面绕 Z 轴向右旋转 $90°$ 也与 V 面成一平面，展开后的三个投影面就在同一图纸平面上，如图 2.8（c）所示。

投影面展开摊平后 Y 轴被分为两处，分别用 OY_H（在 H 面上）和 OY_W（在 W 面上）表示。

在工程图样上通常不画投影面的边线和投影轴。展开后三视图的位置若按规定放置（俯视图在正视图的正下方，左视图在主视图正右方），则不需标注图名，如图 2.8（d）所示。

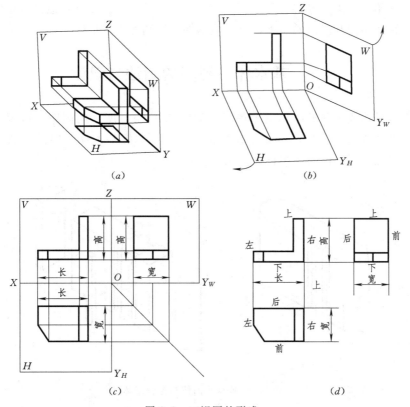

图 2.8　三视图的形成

（a）三面正投影；（b）投影面的展开；（c）展开后三视图的位置；（d）无轴三视图

2.2.2　三视图的分析

1. 三视图与空间物体间的关系

物体的三视图是相互联系的，物体都具有长、宽、高三个方向的尺寸，在制图中规定物体的左右方向为长，前后方向为宽，上下方向为高。但是每一个视图只能反映物体两个方向的尺寸。从图 2.8 中可以看出：

（1）正视图上反映了物体的长和高。

（2）左视图上反映了物体的高和宽。

（3）俯视图上反映了物体的长和宽。

2. 三视图的投影规律

三视图若按图 2.8（d）所示的位置排列，它们之间必然具有下面的投影规律：

2.11

三视图与空间物体间的关系

2.12

三视图的投影规律

（1）正视图和俯视图长对正。

（2）正视图和左视图高平齐。

（3）俯视图和左视图宽相等。

三视图的投影规律可以简单地概括为"长对正、高平齐、宽相等"。画图和读图时均须遵循这个最基本的投影规律。对于物体的整体是这样，对于其局部也是这样。长对正、高平齐的关系比较直观，易于理解。宽相等的关系，初学时概念往往模糊，因此，要切实搞清楚从空间物体到三视图形成的过程，分清前后位置，前后为宽。物体的宽度在俯视图中为竖直方向，在左视图中为水平方向。要反复地进行由物到图和由图对照物的画图和读图的训练，牢固地掌握三视图的投影规律。

2.3 基本体三视图的画法与识读

基本体是构成工程形体的基本单元。如图 2.9（a）所示的闸墩，可视为由若干基本体经叠加或切割而形成，如图 2.9（b）所示。掌握基本体视图的画法和识读方法，可为研究工程形体的视图打下基础。

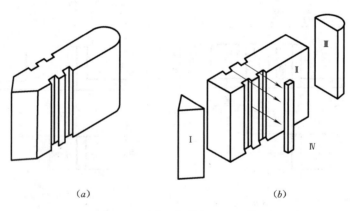

（a）　　　　　　　　　　　　　　（b）

图 2.9　基本几何体与工程形体

基本体根据其表面的几何性质可分为平面立体和曲面立体两大类：

（1）平面立体是由若干平面围成的几何体，如棱柱体、棱锥（台）体等。

（2）曲面立体是由曲面或曲面与平面所围成的几何体，如圆柱体、圆锥体、圆球体等。

2.3.1　平面体三视图的画法

平面立体的表面都是由平面围成的，作平面体的投影就是作出各平面的投影。因此，分析组成立体表面的各平面对投影面的相对位置及其投影特性，对正确作图是很重要的。常见的平面体有棱柱、棱锥和棱台，如图 2.10 所示。

2.3.1.1　棱柱体的投影

棱柱体的投影特点：各棱线相互平行。

1. 三棱柱体的形体分析

如图 2.11（a）所示，在三面投影体系中，三棱柱的左、右两侧面是铅垂面，后

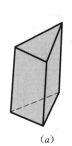  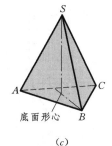 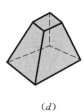

图 2.10 平面体的形体特点

(a) 三棱柱；(b) 六棱柱；(c) 三棱锥；(d) 四棱台

2.14 三棱柱

2.15 三棱柱上点的投影

侧面是正平面，其上底面和下底面都是水平面。

如图 2.11 (b) 所示，水平投影是一个三角形线框，它是上底面和下底面投影的重合，并反映实形。三角形的三条边是垂直于 H 面的三个侧立面的积聚投影，三个顶点是垂直于 H 面的三条侧棱的积聚投影。

如图 2.11 (c) 所示，水平投影是一个三角形线框，它是上底面和下底面投影的重合，并反映实形。三角形的三条边是垂直于 H 面的三个侧立面的积聚投影，三个顶点是垂直于 H 面的三条侧棱的积聚投影。

正面投影是两个并排的矩形线框，左边是左侧面的投影，右边是右侧面的投影。两个矩形的外围线框是后侧面与左右侧面投影的重合。三条垂线是三条侧棱的投影，反映实长。两条水平线是上底面和下底面的积聚投影。

侧面投影是一个矩形线框，是左、右两个侧面投影的重合。两条铅垂线，左边一条是后侧面的积聚投影，右边一条是左右两侧面交线（即三棱柱前面的一条侧棱）的投影。两条水平线是上底面和下底面的积聚投影。

2.16 三棱柱截交线

2.17 四棱柱

2.18 六棱柱

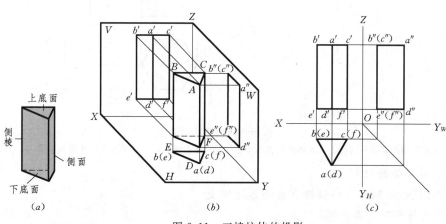

图 2.11 三棱柱体的投影

(a) 三棱柱；(b) 直观图；(c) 投影图

2.19 六棱柱截交线

2. 三棱柱体投影图的画法

三棱柱体投影图的画法如图 2.12 所示。

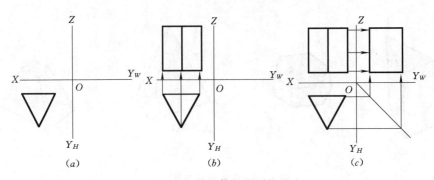

图 2.12　三棱柱体投影图的画法

(a) 画反映上下底面实形的俯视图；(b) 根据"长对正"和三棱柱高画正规图；

(c) 根据"高平齐、宽相等"画左视图

【例 2.1】　画出六棱柱体投影图。

解　六棱柱体投影图的画法如图 2.13 所示。

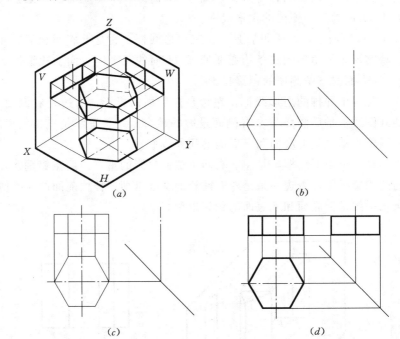

图 2.13　六棱柱体投影图的画法

(a) 直观图；(b) 画圆心、对称线及底面实形；(c) 画正视图；(d) 画左视图并加粗全图

2.3.1.2　棱锥体的投影

棱锥体的投影特点：各棱线在有限远处相交。

1. 三棱锥体的形体分析

如图 2.14 (a)、(d) 所示，在三面投影体系中的一个三棱锥体，其底面是水平面，三个侧面中的后面是侧垂面，左右面都是一般位置平面。

水平投影中正三边形线框是底面的投影，反映实形。顶点的投影在正三边形的中心，它与三个角点的连线是三条侧棱的投影。三个三角形线框是三个侧面的投影。

2.20

三棱锥

2.21

三棱锥上点的投影

2.22

三棱锥截交线

2.23

求切口三棱锥截交线上点的投影

正面投影外形是三角形线框，水平线是底面的积聚投影，两条斜边、竖直直线是三条侧棱的投影。三角形线框内的两个小三角形，分别为左右两侧面的投影。

侧面投影外形也是三角形线框，水平线是底面的积聚投影。斜边 $s'a'$ 是侧垂面 SAC 的积聚投影，三角形线框是一般位置平面 SAB 和 SBC 两个侧面投影的重合。

2.24 四棱锥

2.25 六棱锥

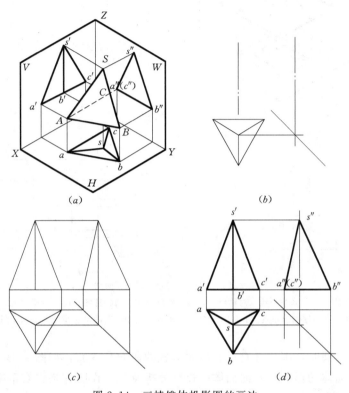

图 2.14　三棱锥体投影图的画法
（a）直观图；（b）画轴线及反映底面实形的水平投影；（c）按投影关系
画其他两投影；（d）检查底稿图，整理并描深图线

2. 三棱锥体投影图的画法

三棱锥体投影图的画法如图 2.14（b）～（d）所示。

【例 2.2】　画出四棱台体投影图。

解　四棱台体投影图的画法如图 2.15 所示。

2.3.2　曲面体三视图的画法

曲面体的表面是由曲面或由曲面和平面组成的。常见的曲面体有圆柱、圆锥、圆球。它们的曲表面可以看作是由一条动线绕某固定轴线旋转而形成的，这种形体又称为回转体。动线称为母线，母线在旋转过程中的每一个具体位置称为曲面的素线。因此，可认为回转体的曲面上存在着许多素线。

当母线为直线时，围绕与它平行的轴线旋转而形成的曲面是圆柱面，如图 2.16（a）所示。

当母线为直线时，围绕与它相交的轴线旋转而形成的曲面是圆锥面，如图 2.16

2.26

四棱台上点的投影

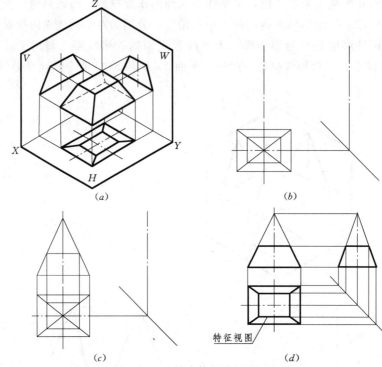

特征视图

(c)   (d)

图 2.15   四棱台体投影图的画法

(a) 直观图；(b) 画中心线、对称线后，画底面反映实形的特征图；(c) 根据"长对正"和
棱台的高度画出正视图；(d) 根据"高平齐、宽相等"画出左视图并加深全图

(b) 所示。

当母线为一圆时，围绕其直径旋转而形成的曲面是球面，如图 2.16 (c) 所示。

了解了曲面体的形成，对曲面体的投影分析及投影作图都是很有帮助的。

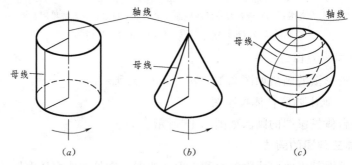

图 2.16   回转面的形成

(a) 圆柱；(b) 圆锥；(c) 圆球

2.3.2.1   圆柱体的投影

1. 圆柱体的形体分析

圆柱体由圆柱面和上、下底平面所围成，如图 2.17 (a) 所示。图 2.17 (b) 为一轴线垂直于水平投影面的正圆柱体的三面投影图。其中上、下两底平面为水平面，它的水平投影仍为圆，正面投影和侧面投影均积聚为直线；圆柱体轴线垂直于水平投

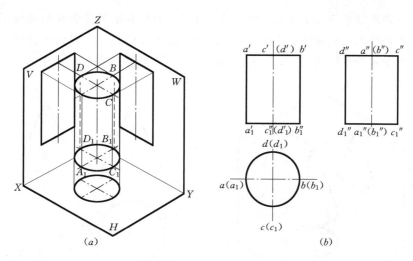

图 2.17 圆柱体的投影图

(a) 直观图;(b) 圆柱体三投影图

影面,圆柱面的水平投影有积聚性,在正立投影面上画出轮廓素线 AA_1 和 BB_1 的投影;在侧立投影面上画出轮廓素线 CC_1 和 DD_1 的投影。应注意的是,轮廓素线 AA_1 和 BB_1 的侧面投影及 CC_1 和 DD_1 的正面投影与轴线的投影重合均不必画出。同时,应在投影图中用点划线画出圆柱体轴线的投影和圆的中心线。

2. 圆柱体投影图的画法

圆柱体投影图的画法如图 2.18 所示。

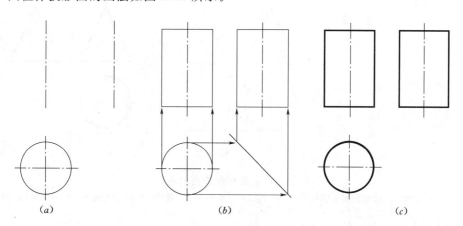

2.31 ▶

圆柱上点的投影

2.32 ▶

圆柱截交线

图 2.18 圆柱体投影图的画法

(a) 画中心线及反映底面实形的投影;(b) 按投影关系画其他两投影;(c) 检查底图,整理并描深图线

2.3.2.2 圆锥体的投影

1. 圆锥体的形体分析

圆锥体是由圆锥面和底平面所围成的,如图 2.19 (a) 所示。图 2.19 (b) 为一轴线垂直于水平投影面的圆锥体的三面投影图。其中圆锥体底平面平行于 H 面,故其水平投影为反映底平面实形的圆,它的正面投影和侧面投影为一直线;圆锥面的正

面投影是画出轮廓素线 *SA* 和 *SB* 的投影，这两条素线的水平投影和侧面投影不必画出；侧面投影应画出轮廓线 *SC* 和 *SD* 的投影，该素线的另两个投影不必画出；水平投影与底面的水平投影重合。对于圆锥面来说，三个投影都没有积聚性。

2.33
圆锥体的投影

2.34
圆锥上点
的投影

2.35
圆锥截交线

2.36
六棱锥截
交线

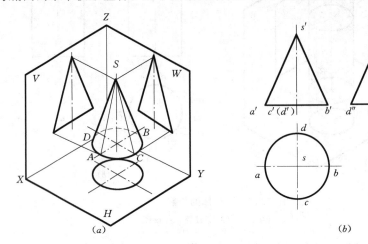

图 2.19　圆锥体的投影图

（*a*）直观图；（*b*）圆锥体三投影图

2. 圆锥体投影图的画法

圆锥体投影图的画法如图 2.20 所示。

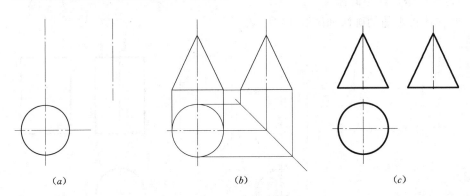

图 2.20　圆锥体投影图的画法

（*a*）画中心线及反映底面实形的投影；（*b*）按投影关系画其他两投影；（*c*）检查底图，整理并描深图线

2.3.2.3　圆球体的投影

1. 圆球体的形体分析

如图 2.21（*a*）所示，在三面投影体系中有一球体，其三个投影为三个直径相等并等于球径的圆。

水平投影 *A* 是看得见的上半球面和看不见的下半球面投影的重合。与其对应的正面投影 *B* 和侧面投影 *C* 分别为前、后半球面分界圆和上、下半球面分界圆。

圆球的俯视图：水平投影的圆是球面上平行于 *H* 面的最大圆的投影，与其对应的正面投影和侧面投影与图的水平中心线重合，仍然用点划线表示。

圆球的正视图：与其对应的水平投影和侧面投影与圆的水平中心线和铅垂中心线重合，仍然用点划线表示。

圆球的侧视图：侧面投影的圆是球面上平行于 W 面的最大圆的投影，与其对应的水平投影和正面投影与圆的铅垂中心线重合，仍然用点划线表示。

2. 圆球体投影图的画法

圆球体投影图的画法如图 2.21（b）所示。

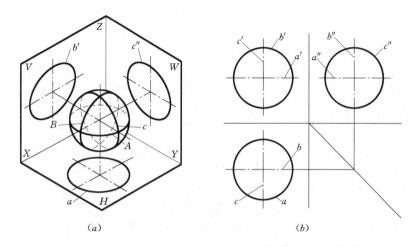

2.37

圆球体的投影

2.38

圆球上点的投影

2.39

圆球截交线

图 2.21 圆球体投影图的画法

（a）直观图；（b）圆球体三投影图

2.4 基本体三视图的识读

所谓基本体视图的识读，是指通过基本体视图特征的分析、归纳，对基本体视图所表达的对象作出迅速而又准确的判断。对众多基本体的视图特征可概括为下述四个方面。

2.4.1 柱体的视图特征——矩矩为柱

如图 2.22 所示，柱体的视图特征为"矩矩为柱"。其含义是，在基本几何体的三视图中，如有两个视图的外形轮廓为矩形，则可肯定它所表达的是柱体。至于是何种柱体，可结合阅读第三视图判定。在图 2.22 所示的三组基本几何体视图中，图 2.22（a）的正视图、左视图是矩形，俯视图为五边形，说明所表达的是一个五棱柱。图 2.22（b）的正视图、左视图为矩形，俯视图为三角形，所表达的是三棱柱。同法可知图 2.22（c）所示为圆柱的三视图。

2.4.2 锥体的视图特征——三三为锥

如图 2.23 所示，锥体的视图特征可概括为"三三为锥"。即在基本几何体的三视图中，如有两个视图的外形轮廓为三角形。则可肯定它所表达的是锥体，至于是何种锥体，由第三视图确定。由此不难看出，图 2.23（a）所示为六棱锥，图 2.23（b）所示为四棱锥，图 2.23（c）所示为圆锥。

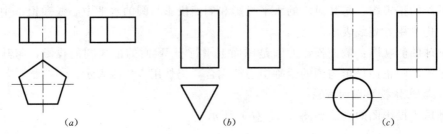

图 2.22 柱体的视图特征
(a) 五棱柱；(b) 三棱柱；(c) 圆柱

2.40 ▶

矩矩为柱

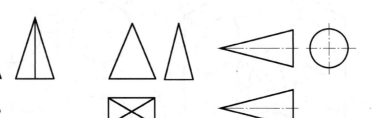

图 2.23 锥体的视图特征
(a) 六棱锥；(b) 四棱锥；(c) 圆锥

2.41 ▶

三三为锥

2.4.3 台体的视图特征——梯梯为台

如图 2.24 所示，台体的视图特征可概括为"梯梯为台"。即在基本几何体的三视图中，如有两个视图的外形轮廓为梯形，所表达的一定是台体，由第三视图可进一步确知其为何种台体。据此可知，图 2.24 (a) 所示为三棱台，图 2.24 (b) 所示为圆台。

当母线为一圆，围绕其直径旋转而形成的曲面是球面，如图 2.16 (c) 所示。

了解了曲面体的形成，对曲面体的投影分析及投影作图都是很有帮助的。

2.42 ▶

梯梯为台

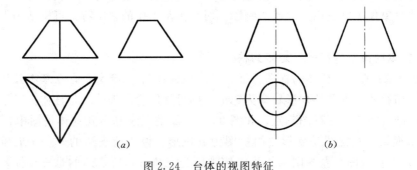

图 2.24 台体的视图特征
(a) 三棱台；(b) 圆台

2.4.4 球体的视图特征——三圆为球

如图 2.25 所示，球体的三个视图都具有圆的特征，即"三圆为球"。图 2.25 (a) 所示为圆球，图 2.25 (b) 所示为半球。

对于上述柱、锥、台、球体的视图，如已知其中两个视图，且其中一个视图反映底面实形，同样可确知其几何形状。

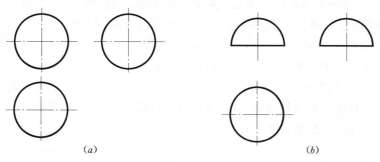

2.43

三圆为球

图 2.25 球体的视图特征

(a) 圆球；(b) 半球

2.5 简单体三视图的画法

由基本体进行简单的叠加和切割而形成的立体称为简单体。

2.5.1 简单体三视图的画图步骤

在分析形体的基础上按如下步骤进行：

(1) 根据轴测图选正视方向。

(2) 画定位（基准）线及大体形状（一般先画正视图）。

(3) 画细部结构形状。

(4) 完成三视图，描粗加深。

2.5.2 简单体三视图的画法举例

【例 2.3】 画出如图 2.26（a）形体的三视图。

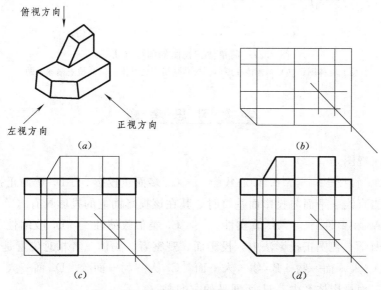

2.44

三视图的画法 1—叠加

图 2.26 简单体三视图的画法（叠加）

(a) 立体图；(b) 画底板三视图；(c) 画后立板三视图；(d) 检查描深全图

39

解　（1）分析形体。该形体是由两四棱柱体进行简单的切割并叠加而成。我们称这种形体为组合柱体。其图形特征为："两矩形线框对应一组合线框"。

（2）作图步骤。如图 2.26（b）～（d）所示。

【例 2.4】　画出如图 2.27（a）形体的三视图。

解　（1）分析形体。该形体是由一四棱柱原体进行简单的切割而成。我们称这种形体为切割柱体。画该物体的三视图应先画原体，再画切割处形体。

（2）作图步骤。如图 2.27（b）～（d）所示。

2.45 ▶

三视图的画法 2—切割

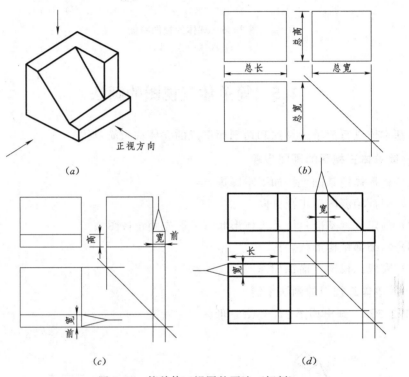

图 2.27　简单体三视图的画法（切割）

（a）立体图；（b）画四棱柱原体；（c）画切割处形体；（d）检查描深全图

🐌 复 习 思 考 题

2.1　三视图是（　　）。

    A. 斜投影　　　　B. 中心投影　　　C. 多面正投影　　　D. 单面正投影

2.2　当直线、平面与投影面垂直时，其在该投影面上的投影具有（　　）。

    A. 积聚性　　　　B. 真实性　　　　C. 类似收缩性　　　D. 收缩性

2.3　所学三视图正投影法中，投影面、观察者、物体三者相对位置是（　　）。

    A. 人—面—物　　B. 物—人—面　　C. 人—物—面　　　D. 面—人—物

2.4　三面投影体系中，H 面展平的方向是（　　）。

    A. H 面永不动　　　　　　　　　B. H 面绕 Y 轴向下转 90°

C. H 面绕 Z 轴向右转 $90°$ D. H 面绕 X 轴向下转 $90°$

2.5 物体左视图的投影方向是（ ）。

A. 由前向后   B. 由左向右   C. 由右向左   D. 由后向前

2.6 左视图反映了物体的什么方位（ ）。

A. 上下   B. 左右   C. 上下前后   D. 前后左右

2.7 能反映出物体左右前后方位的视图是（ ）。

A. 左视图   B. 俯视图   C. 主视图   D. 后视图

2.8 三视图中"宽相等"是指哪两个视图之间的关系（ ）。

A. 左视图与俯视图   B. 主视图和左视图

C. 主视图和俯视图   D. 主视图和侧视图

2.9 圆柱面的形成条件是（ ）。

A. 圆母线绕过其圆心的轴旋转   B. 直母线绕与其平行的轴旋转

C. 曲母线绕轴线旋转   D. 直母线绕与其相交的轴旋转

2.10 曲面体的轴线和圆的中心线在三视图中（ ）。

A. 可不表示   B. 必须用点划线画出

C. 当体小于一半是才不画出   D. 体小于等于一半时均不画出

2.11 轴线垂直 H 面圆柱的正向轮廓素线在左视图中的投影位置在（ ）。

A. 左边铅垂线上   B. 右边铅垂线上

C. 轴线上   D. 上下水平线上

2.12 圆锥的四条轮廓素线在投影为圆的视图中的投影位置（ ）。

A. 都在圆心

B. 在中心线上

C. 在圆上

D. 分别积聚在圆与中心线相交的 4 个交点上

2.13 直棱柱体的一个视图反映底面实形，另两视图的图形特征是（ ）。

A. 三角形线框   B. 圆线框   C. 矩形线框   D. 梯形线框

第3章 点、直线、平面的投影

1. 教学目标和任务

(1) 理解点的坐标；掌握点的三投影规律；根据点的坐标或点的两个投影正确绘制出点的第三个投影。

(2) 掌握各种位置直线和平面的定义和分类；根据直线或平面的两面投影，绘制直线或平面的第三面投影，并能判断出直线或平面的空间位置。

(3) 掌握直线与平面、平面与平面的相对位置关系，并能根据投影图判断出它们的位置关系或根据位置关系进行投影图的绘制。

2. 教学重点和难点

(1) 教学重点：点的坐标及点的三投影规律；各种位置直线的定义和分类；各种位置平面的定义和分类。

(2) 教学难点：各种位置直线的投影特点；各种位置平面的投影特点；直线与平面、平面与平面的相对位置关系。

3. 岗课赛证要求

掌握点、直线、平面的投影，是空间形体投影的分析能力和空间想象能力的基础。

点、直线、平面是构成立体表面的最基本的几何元素，研究并掌握它们的投影理论和作图方法，对提高空间想象能力和对物体投影的分析能力大有裨益，在进一步掌握复杂工程形体的表达方法及分析方法，解决复杂物体读图画图中的有关问题中，具有非常重要的作用。

3.1 点 的 投 影

3.1.1 点的三面投影的形成

3.1 ▶

点的三面投影

如图 3.1 (a) 所示，将空间点 A 置于三投影面体系中，并由点 A 分别向三投影面作垂线，则其垂足 a、a'、a'' 即为点 A 的在三投影面体系中所获得的三面投影。点 A 在水平面 H 上所获得的投影称为水平投影，在正面 V 上所获得的投影称为正面投影，在侧面 W 上所获得的投影则称为侧面投影。

点的规定标记是：空间点用大写字母标记，如 A、B、C、…；其水平投影用相应的小写字母标记，如 a、b、c、…；正面投影用相应小写字母加一撇标记，如 a'、b'、c'、…；侧面投影用相应的小写字母加两撇标记，如 a''、b''、c''、…。

移去空间点 A，将三投影面展开，即可得到点 A 的三面投影图，如图 3.1 (b) 所示，再去掉投影面的边框线，投影面的名称不需标注，如图 3.1 (c) 所示。

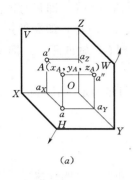
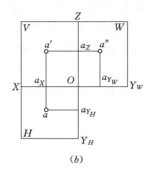
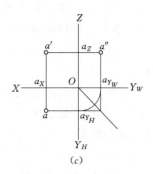

(a) (b) (c)

图 3.1 点的三面投影

3.1.2 点的坐标

如图 3.2（a）所示，点 A 的空间位置可用直角坐标来表示，它的书写形式为：$A(x, y, z)$，即把投影面当作坐标面，投影轴当作坐标轴，O 即为坐标原点，则：

（1）点 A 的 x 坐标表示空间点 A 到 W 面的距离，即

点 A 的 x 坐标 $= Aa'' = a'a_Z = aa_Y =$ 点 A 到 W 面的距离

（2）点 A 的 y 坐标表示空间点 A 到 V 面的距离，即

点 A 的 y 坐标 $= Aa' = aa_X = a''a_Z =$ 点 A 到 V 面的距离

（3）点 A 的 z 坐标表示空间点 A 到 H 面的距离，即

点 A 的 z 坐标 $= Aa = a'a_X = a''a_Y =$ 点 A 到 H 面的距离

可见，点到投影面的距离与其直角坐标是一一对应的，因此我们可以直接由点到三面投影的距离量得该点的坐标值。

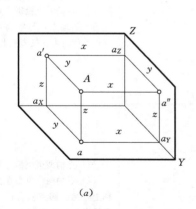
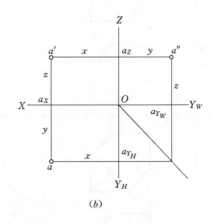

3.2

点的坐标

(a) (b)

图 3.2 点的坐标

（a）轴测图；（b）投影图

3.1.3 点的三面投影规律

在图 3.1（a）中，Aa 垂直于 H 面，Aa' 垂直于 V 面，故平面 Aaa_Xa' 与 H、V 相互垂直。由此可证，平面 Aaa_Xa' 与 H 面的交线 aa_X 和平面 Aaa_Xa' 与 V 面的交线 $a'a_X$ 必定垂直于 H 面与 V 面的交线 OX，即 $aa_X \perp OX$，$a'a_X \perp OX$。将水平投影面展开，即得 $a'a \perp OX$。同理可证明 $a'a'' \perp OZ$。由此得出点的投影规律：

（1）点的正面投影和水平投影的连线垂直于 OX 轴，即 $a'a \perp OX$，即长对正。

（2）点的正面投影和侧面投影的连线垂直于 OZ 轴，即 $a'a'' \perp OZ$，即高平齐。

（3）点的水平投影到 OX 轴的距离等于该点的侧面投影到 OZ 轴的距离，即 $aa_X = a''a_Z$，即宽相等。

由此可见，空间点的投影与基本几何体的投影一样，也同样满足"长对正、高平齐、宽相等"的投影规律。

3.1.4　点的位置

1. 空间点的位置

点的空间位置包括：投影面上的点、投影轴上的点、原点和空间点四种情况。当点在投影面上时，其一个坐标值为 0；当点在某投影轴上时，其两个坐标值为 0；当点在原点位置时，其三个坐标值均为 0；当点在空间中，其三个坐标值均不为 0，见表3.1。

3.3

投影面上点的坐标

3.4

投影轴上点的坐标

3.5

原点的坐标

3.6

两点的相对位置

表 3.1　　　　　　　　　　各 种 位 置 的 点

位置	直 观 图	投 影 图	坐标特点与投影特性
空间点			（1）点的三个坐标都不为零。 （2）点的三个投影都在相应的投影面上
投影面上点			（1）点的一个坐标为零。 （2）点的一个投影在点所在的投影面上，与空间点重合；另两投影在投影轴上
投影轴上点			（1）点的两个坐标为零。 （2）点的两个投影在投影轴上，与空间点重合；另一个投影与原点重合

注　若空间点在原点上，则三个坐标都为零；点的三个投影与空间点都重合在原点上。

2. 两点的相对位置

空间的任意两点之间，均存在着左右、前后及上下的相对位置关系。画法几何中，可根据两点的坐标来判断两点的相对位置。X 坐标值反映空间点的左右位置，X

44

值越大，表示点越左；Y 坐标值反映空间点的前后位置，Y 值越大，表示点越前；Z 坐标值反映空间点的上下位置，Z 值越大，表示点越上。

在投影图中，每一个投影面上都能反映两个方向的坐标值，所以，必然能同时反映两个方向的位置关系。两面投影结合就能判定两点的空间位置关系。

【例 3.1】　已知 C、D 两点的投影图，如图 3.3（a）所示，试判别 C、D 两点的相对位置。

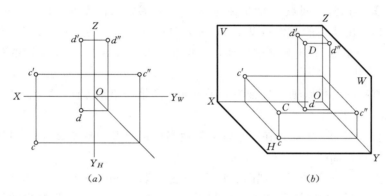

图 3.3　两点的相对位置

解　（1）分析。两点的相对位置，是由两点的相应坐标值来决定的，因此应在投影图中观察或量取两点坐标大小，然后再作比较。

（2）结论。在正面投影中，c' 在 d' 之左、之下，即 $x_C > x_D$；$z_C < z_D$，在水平投影中，c 在 d 之前，即 $y_C > y_D$，所以点 C 在点 D 之左、之下、之前方，如图 3.3(b) 所示。

3. 重影点及其可见性

当空间两点位于同一投射线上时，它们的投影在与该投射线垂直的投影面上必然重合，这两点称为对该投影面的重影点。

如图 3.4（a）中 A、B 两点的水平投影 a、b 在 H 面上重合，则 A、B 为对 H 面的重影点；C、D 两点的正面投影 c'、d' 在 V 面上重合，则 C、D 为对 V 面的重影点；B、D 两点的侧面投影在 W 面上重合，则 B、D 为对 W 面的重影点。

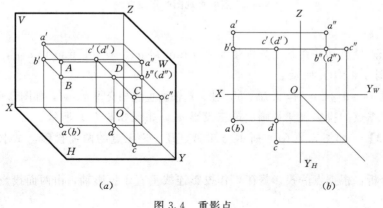

图 3.4　重影点

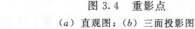

（a）直观图；（b）三面投影图

3.7 ▶

重影点

45

在重影点的三个坐标值中，必同时有两个坐标值相同。

当两点的投影在某一投影面重合时，其中一点的投影必然遮住另一点的投影，这时需要对点的投影进行可见性判断。判断方法是：在不重合的投影上，比较坐标值的大小，坐标值大者可见，小者不可见，即左点遮右点、前点遮后点、上点遮下点，不可见的点在其字母上加括号表示，如图 3.4（b）所示。

3.1.5 作点的投影图与直观图

【例 3.2】 已知空间点 A 的坐标为（10，15，20），试作该点的直观图和投影图。

解 分析：由所给的条件可知点 A 的 x 坐标为 10，表示点 A 到 W 面的距离；y 坐标为 15，表示点 A 到 V 面的距离；z 坐标为 20，表示点 A 到 H 面的距离。

1. 作直观图

（1）画直观图的投影轴，X 轴为水平方向，Z 轴为铅垂方向，Y 轴与水平成 45°，如图 3.5（a）所示。

（2）画直观图的投影面，在三个轴上的适当位置定点，画投影面的边框线，边框线与投影轴平行，如图 3.5（b）所示。

（3）画点 A 三面投影的直观图，在 X 轴上量取 10mm 截点 a_X，在 Y 轴上量取 15mm 截点 a_Y，在 Z 轴上量取 20mm 截点 a_Z，过 a_X、a_Y、a_Z 作对应轴的平行线，即可得到点在三个投影面上的投影 a、a'、a''，如图 3.5（c）所示。

（4）画点 A 的直观图，过点 a、a'、a'' 分别向 H、V、W 面作垂线，即 $Aa//Z$ 轴、$Aa''//Y$ 轴、$Aa''//X$ 轴，三线汇交于点 A，即点 A 的直观图，如图 3.5（d）所示。

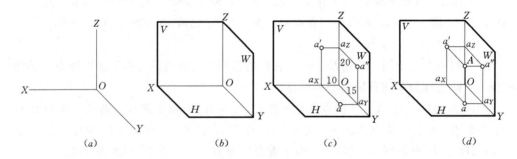

图 3.5 点的直观图的作图方法

2. 作投影图

（1）先画投影轴并在其上分别量 $x = 10$mm 得 a_X，$y = 15$mm 得 a_{YH}，$z = 20$mm 得 a_Z，如图 3.6（a）所示。

（2）过 a_X、a_{YH}、a_Z 作 X 轴、Y_H 轴、Z 轴的垂线相交得 a、a'，如图 3.6(b) 所示。

（3）根据点的投影规律补画出第三投影 a''，如图 3.6（c）所示。

【例 3.3】 如图 3.7（a）所示已知 A、B、C 三点的两面投影，试求其第三面的投影。

解 分析：根据点的投影规律，作投影连线垂直于投影轴，由两面投影求出第三面投影。

通过作出的投影图可知：点 C 在 H 面上，即投影面上的点有一个坐标为零。点

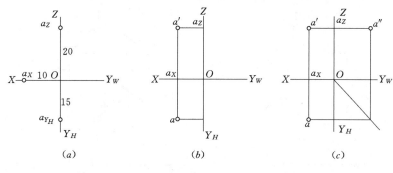

(a)　　　　　　(b)　　　　　　(c)

图 3.6　作点的投影图

3.9 ▶

例 3.3

B 在 Z 轴上，即投影轴上的点有两个坐标值为零，如图 3.7 (b) 所示。

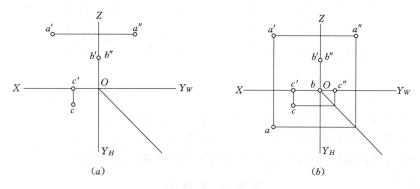

(a)　　　　　　　　　(b)

图 3.7　已知点的两面投影求作第三面投影

3.2　直 线 的 投 影

3.2.1　直线的投影图和直观图的画法

直线的投影一般仍为直线，由"两点定线"原则可知，要作直线的投影图，只要作出直线上两端点的投影，如图 3.8 (a) 所示，再将其同面投影连接，如图 3.8 (b) 所示，即可得到直线的投影。同理，只要作出直线上两点的直观图，如图 3.8 (c) 所示，然后再将空间两点相连接，同面投影相连接，即得直线的直观图，如图 3.8 (d) 所示。

3.10 ▶

直线的三面投影

3.2.2　各种位置直线的投影特征

在三投影面体系中，空间直线与投影面的相对位置有三类：投影面平行线（简称平行线）、投影面垂直线（简称垂直线）和一般位置直线。前两类统称为特殊位置直线。下面分别介绍它们的投影特征。

直线对 H、V、W 三投影面的倾角，分别用 α、β、γ 表示。

1. 投影面平行线

平行于某一投影面，且倾斜于另外两个投影面的直线，称为该投影面的平行线。

平行线有三种：

(1) 正平线。平行 V 面、$\beta=0°$、倾斜于 H 面、W 面。

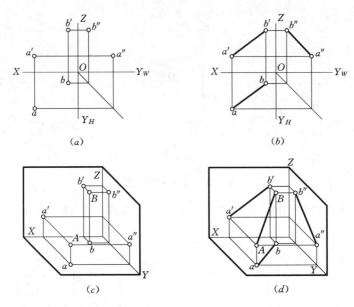

图 3.8　直线的直观图和投影图的画法

（2）水平线。平行 H 面、$\alpha=0°$、倾斜于 V 面、W 面。

（3）侧平线。平行 W 面、$\gamma=0°$、倾斜于 V 面、H 面。

各种位置平行线的直观图、投影图及投影特征见表 3.2。

表 3.2　　　　　　　　　　　投 影 面 平 行 线

线的形式	立体图	立体的投影图	投影面平行线的投影图	投 影 特 性
3.11 ▶ 正平线	正平线			（1）$ab /\!/ OX$，$a''b'' /\!/ OZ$，长度缩短。 （2）$a'b'$ 反映实长。 （3）α、γ 为实角，$\beta=0°$
3.12 ▶ 水平线	水平线			（1）$c'b' /\!/ OX$，$c''b'' /\!/ OY_W$，长度缩短。 （2）cb 反映实长。 （3）β、γ 为实角，$\alpha=0°$
3.13 ▶ 侧平线	侧平线			（1）$c'a' /\!/ OZ$，$ca /\!/ OY_H$，长度缩短。 （2）$c''a''$ 反映实长。 （3）α、β 为实角，$\gamma=0°$

　　投影面平行线的投影体现实形性和类似性，其投影特征为：直线在所平行的投影面上的投影为一斜线，反映直线实长，并反映直线对其他两投影面的倾角；其余两投

影面上的投影的长度均小于实长，而且垂直于同一投影轴。

2. 投影面垂直线

垂直于一个投影面的直线，称为该投影面的垂直线。

垂直线有三种：

(1) 正垂线。垂直于 V 面、$\beta=90°$。

(2) 铅垂线。垂直于 H 面、$\alpha=90°$。

(3) 侧垂线。垂直于 W 面、$\gamma=90°$。

各种位置垂直线的直观图、投影图及投影特征见表 3.3。

表 3.3　　　　投 影 面 垂 直 线

线的形式	立体图	立体的投影图	投影面垂直线的投影图	投 影 特 性
正垂线	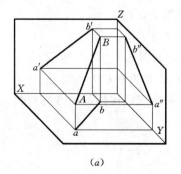			(1) $a'b'$ 积聚成一点。 (2) $ab // OY_H$，$a''b'' // OY_W$，并反映实长
铅垂线				(1) ac 积聚成一点。 (2) $a'c' // OZ$，$a''c'' // OZ$，并反映实长
侧垂线				(1) $a''d''$ 积聚成一点。 (2) $a'd' // OX$，$ad // OX$，并反映实长

3.14 ▶ 正垂线

3.15 ▶ 铅垂线

3.16 ▶ 侧垂线

投影面垂直线的投影体现积聚性和实形性，其投影特征可归纳为：直线在所垂直的投影面上的投影积聚为一点，而在其余两个投影面上的投影反映直线的实长，且平行于同一投影轴。

3. 一般位置直线

与三个投影面都倾斜的直线，称为一般位置直线。其空间位置和投影图如图 3.9 所示。

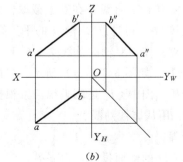

(a)　　　　　　　　　　　(b)

图 3.9　一般位置直线

3.17 ▶ 一般位置直线

3.18 ▶ 一般位置直线的投影特征

一般位置直线的投影特征为：三个投影面上的投影均为斜线且小于实长，其与投影轴的夹角不反映空间直线对投影面的倾角。

3.2.3　直线上的点

当点在直线上时，由正投影的基本性质可知，其投影具有下述两个特性。

1. 从属性

点在直线上，则点的各面投影必在该直线的同面投影上，这个特性称为从属性。

如图 3.10 所示，点 K 在直线 AS 上，则 k' 在 $a's'$ 上，k 在 as 上，k'' 在 $a''s''$ 上。同时 k、k'、k'' 必须符合点的投影规律。因此，直线上点的投影，必在直线的同面投影上；反之，点的各面投影只要有一个不在直线的同面投影上，则点就一定不在该直线上。

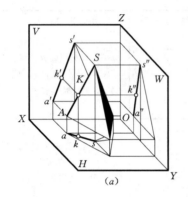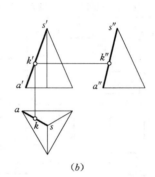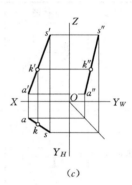

图 3.10　直线上点的投影

(a) 立体图；(b) 三面投影图；(c) 投影图

2. 定比性

直线上的点分割直线之比，等于点的投影分割直线投影之比，这种特性称为定比性。如图 3.10 中，$AK:KS=ak:ks=a'k':k's'=a''k'':k''s''$。

【例 3.4】　如图 3.11 (a) 所示，已知直线 AB 的两面投影，点 C 在直线 AB 上，其线段之比为 $AC:CB=3:2$，求点 C 的两面投影。

解　分析：根据定比性，$AC:CB=ac:cb=a'c':c'b'=a''c'':c''b''=3:2$，用等分线段的方法先求得 c，然后根据点的投影规律再求 c'。

作图步骤：

(1) 自 a 作任一直线并在其上截取任意五等分，得点 1、2、3、4、5。

(2) 连接 $5b$，再过点 3 作 $5b$ 的平行线交 ab 于点 c。

(3) 自点 c 作 OX 轴的垂线交 $a'b'$ 于点 c'。如图 3.11 (b) 所示。

【例 3.5】　如图 3.12 (a) 所示，判断点 M 是否在 CD 直线上。

解　分析：图中 CD 是侧平线，可根据从属性或定比性两种方法判断。

方法 1：用从属性判断。

作图步骤：

(1) 作 CD 的侧面投影，得 $c''d''$。

(2) 根据点的投影规律，得 m''。

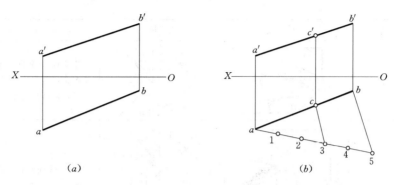

图 3.11 求直线上点的投影

（3）结论：m''不在$c''d''$上，可判断点 M 不在 CD 直线上，如图 3.12（b）所示。

方法 2：用定比性法判断。

作图步骤：

（1）过点 c 作直线$cd_0=c'd'$，连接 dd_0。

（2）截取 $c'm'=cm_0$。

（3）过 m_0 作与 dd_0 平行的直线，交 cd 于 m_1。

（4）结论：m_1 与 m 不重合，故点 M 不在 CD 直线上，如图 3.12（c）所示。

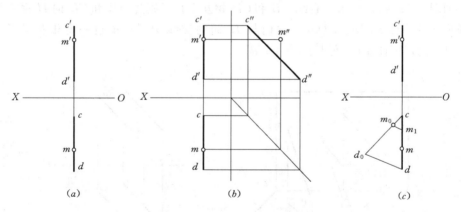

图 3.12 判断点是否在直线上

3.2.4 两直线的相对位置

两直线的相对位置有三种，即平行、相交和异面，见表3.4。

表 3.4   直线与直线的相对位置

两直线相对位置	空间情况	投影图	投 影 特 性
平行两直线			平行两直线的所有同面投影都互相平行，且具有定比性

51

续表

两直线相对位置	空间情况	投影图	投 影 特 性
相交两直线	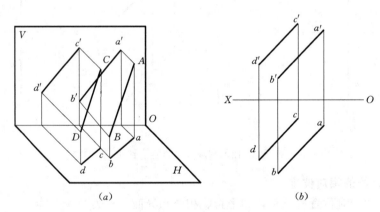		相交两直线的所有同面投影都相交，其交点符合点的投影规律，且具有定比性
异面两直线			(1) 异面两直线的某个投影可能会出现平行，但不会三个投影都平行。 (2) 异面两直线所有同面投影可能都相交，但相交处是重影点而不是交点。 (3) 重影点的可见性要根据它们另外的投影来判断

1. 两直线平行

如图 3.13 (a) 所示，直线 AB 和 CD 相互平行，则过 AB 和 CD 向 H 面作投影线所形成的平面 $ABba$ // $CDdc$，它们与 H 面的交线 ab 与 cd 也一定相互平行，故 ab // cd，同理可证 $a'b'$ // $c'd'$、$a''b''$ // $c''d''$。

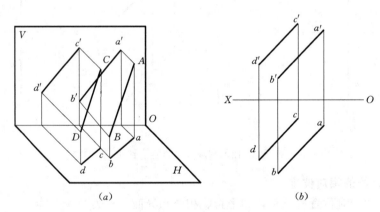

图 3.13　两直线平行

因此，平行两直线的投影特征是：两直线平行，它们的同面投影都相互平行；反之，若两直线的各组同面投影都平行，则两直线在空间一定平行，如图 3.13 (b) 所示。

当根据投影图判断两直线在空间是否平行时，如果两直线为一般位置时，只要判断任意两面投影平行就可以判断两直线平行，而对投影面的平行线，则要判断直线所平行的那个投影面上的投影是否平行才能判定，如图 3.14 所示。

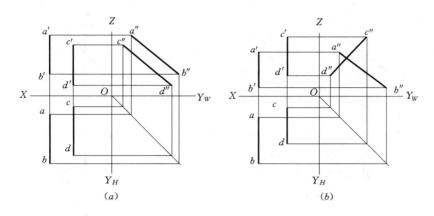

图 3.14　两直线平行的判断

（a）平行；（b）不平行

2. 两直线相交

如图 3.15（a）所示，直线 AB 与 CD 相交于 K 点，按照直线上点的投影特性，点 K 的投影必然在直线 AB 的同面投影上，同时也在直线 CD 的同面投影上，即 k 一定是 ab 与 cd 的交点。同理 k' 是 $a'b'$ 与 $c'd'$ 的交点，k'' 是 $a''b''$ 与 $c''d''$ 的交点，即交点 K 的投影 k、k'、k'' 符合点的投影规律。

由此可知相交两直线的投影特征是：两直线相交，它们的同面投影必定相交，且交点符合点的投影规律。反之，若两直线的同面投影都相交，且交点符合点的投影规律，则两直线在空间一定相交，如图 3.15（b）所示。

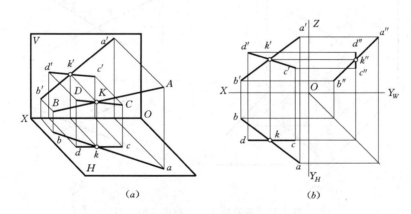

3.24

相交两直线

图 3.15　两直线相交

根据投影图判断两直线在空间是否相交时，一般根据两直线任意两组同面投影即可判断。但当两直线之一为投影面平行线时，其中一组应为反映实长的投影。如图 3.16（a）所示，CD 为侧平线，若只根据 V、H 两面投影不足以判断其是否相交，但根据 V、W 两面投影则可作出正确的判断。如不作出 W 面投影，还可利用定比性作图判断，如图 3.16（b）所示。

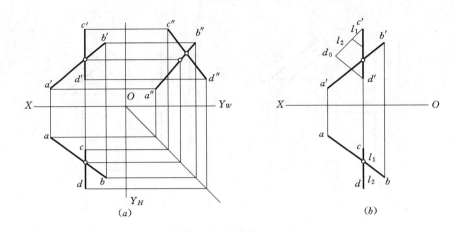

图 3.16　两直线相交的判断

（a）根据投影特性判断两直线不相交；（b）根据定比性作图判断两直线不相交

3. 两直线交叉

空间两直线既不平行，又不相交，称为两直线交叉。

因此，交叉两直线的投影特征是：既不符合平行两直线的投影特性，又不符合相交两直线的投影特性。它们的某些同面投影可能表现为互相平行，但不会所有同面投影都平行；它们的某些或全部同面投影可能表现为相交，但交点不符合点的投影规律，是重影点的投影，如图 3.17 所示。

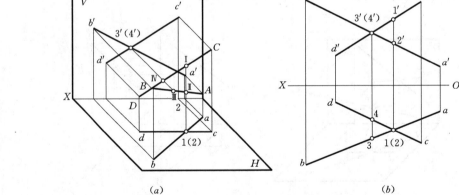

图 3.17　两直线交叉及重影点的分析

判断交叉两直线重影点可见性的步骤为：先从重影点画一条垂直于投影轴的直线到另一个投影中的两条线上去，就可以将重影点分开成两个点，所得两个点中坐标值大的为可见，不可见的投影点要加括号，如图 3.17（b）所示。

4. 两直线垂直

两直线垂直是两直线相交或交叉的特殊情况。

空间两直线垂直时，若两直线都与某一投影面倾斜，则在该投影面上的投影不垂直；只要两直线中有一条直线平行于某一投影面，则两直线在该投影面上的投影互相垂直，即交角投影仍为直角，此特征称为直角投影定理。

如图 3.18 所示，AB 与 AC 垂直相交，$AB/\!/H$；$DE/\!/AC$，DE 与 AB 垂直交叉。因 $AB\perp AC$、$AB\perp Aa$，由几何定理可知，AB 必垂直 AC 和 Aa 所决定的平面 $ACca$ 和该平面上的任一直线，又知 $AB/\!/ab$，所以 $ab\perp ac$；$DE/\!/AC$，$de/\!/ac$，则 $de\perp ab$。

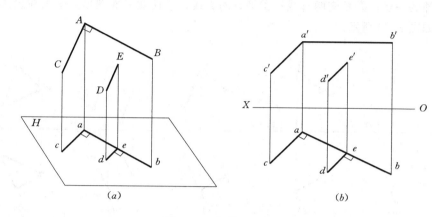

3.26

垂直两直线

(a) (b)

图 3.18　直角投影定理

反之，相交和交叉两直线的某一投影互相垂直，且有一条直线平行于该投影面时，则两直线在空间一定垂直。

【例 3.6】　如图 3.19（a）所示，作一条直线 MN，它与已知两直线 AB、CD 相交于 M、N 点，且平行于已知直线 EF。

解　分析：AB 为正垂线，AB 和 MN 的交点 M 的 V 面投影 m' 必与 $a'(b')$ 重合。

作图步骤：

（1）在 V 面上过重影点 a'（b'），作一直线与 $e'f'$ 平行在 $c'd'$ 上交于点 n'。

（2）过 n' 作 OX 轴的垂线交 cd 于 n。

（3）过 n 作 ef 的平行线，在 ab 上交点 m。则 $m'n'$ 和 mn 即为直线 MN 的两面投影，如图 3.19（b）所示。

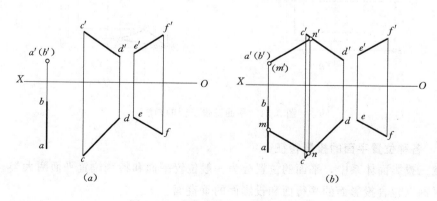

3.27

例 3.6

(a) (b)

图 3.19　求作直线 MN 的两面投影

3.3　平面的投影

3.3.1　平面的表示法及投影图的画法

平面的构成可由下列任一组几何元素确定：①不在同一直线上的三点；②一直线和直线外的一点；③相交两直线；④平行两直线；⑤任意平面图形。平面在投影图的表示，如图 3.20 所示。

3.28

平面的表示法

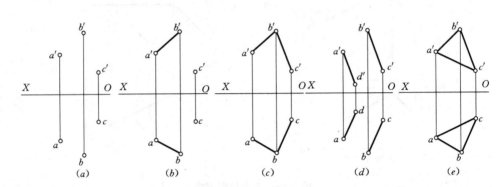

图 3.20　平面的表示法

用几何元素表示平面，只要作出表示平面的几何元素的投影即可。所以求作平面的投影，实质上是求作点和线的投影。在投影图中，一般用平面图形表示平面的空间位置。

画平面多边形的投影图，一般先求出各定点的投影，然后将其同面投影依次连接即得，如图 3.21 所示。

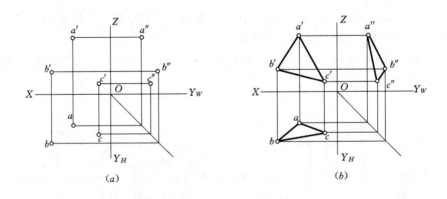

图 3.21　平面三投影图的画法

3.29

平面的分类

3.3.2　各种位置平面的投影特征

在三投影面体系中，平面的位置分为一般位置平面和特殊位置平面两大类。特殊位置平面又包含投影面的平行面和投影面的垂直面。

平面对 H、V、W 三投影面的倾角分别用 α、β、γ 表示。

1. 投影面的平行面

平行于一个投影面，且垂直于另外两个投影面的平面称为投影面平行面，投影面平行面有三种：

（1）正平面——平行于 V 面。

（2）水平面——平行于 H 面。

（3）侧平面——平行于 W 面。

各种投影面平行面的直观图、投影图及投影特性见表 3.5。

表 3.5　　　　　　　　　　　投　影　面　平　行　面

项目	正 平 面	水 平 面	侧 平 面
物体上的表面			
直观图			
投影图			
投影特性	（1）V 面投影反映平面实形。 （2）H、W 面投影均积聚为直线，且分别垂直于 OY 轴	（1）H 面投影反映平面实形。 （2）V、W 面投影均积聚为直线，且分别垂直于 OZ 轴	（1）W 面投影反映平面实形。 （2）V、H 面投影均积聚为直线，且分别垂直于 OX 轴

3.30 ▶
正平面

3.31 ▶
水平面

3.32 ▶
侧平面

投影面平行面的投影特征可归纳为：与平面平行的投影面上的投影反映实形，其余两个面上的投影均积聚为直线，且垂直于同一投影轴。

2. 投影面的垂直面

垂直于一个投影面，且倾斜于另外两个投影面的平面称为投影面垂直面，投影面垂直面有三种：

（1）正垂面——垂直于 V 面，倾斜于 H、W 面。

（2）铅垂面——垂直于 H 面，倾斜于 V、W 面。

（3）侧垂面——垂直于 W 面，倾斜于 V、H 面。

各种投影面垂直面的直观图、投影图及投影特性见表 3.6。

表 3.6　　　　　　　　　　　　投 影 面 垂 直 面

项目	正 垂 面	铅 垂 面	侧 垂 面
物体上的表面	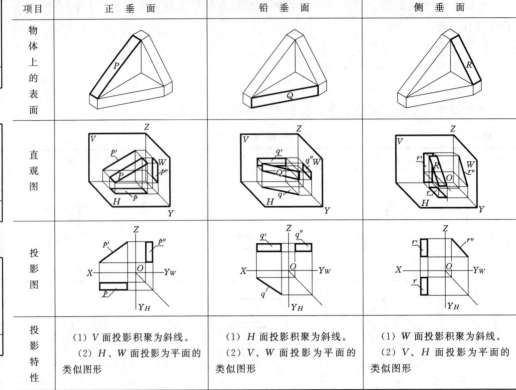		
直观图			
投影图			
投影特性	(1) V 面投影积聚为斜线。 (2) H、W 面投影为平面的类似图形	(1) H 面投影积聚为斜线。 (2) V、W 面投影为平面的类似图形	(1) W 面投影积聚为斜线。 (2) V、H 面投影为平面的类似图形

3.33　正垂面

3.34　铅垂面

3.35　侧垂面

　　投影面垂直面的投影特征可归纳为：与平面垂直的投影面上的投影积聚为一倾斜直线并反映与其他两投影面的倾角，其余两个投影均为平面的类似形。

　　3. 一般位置平面

　　倾斜于三个投影面的平面，称为一般位置平面。其空间位置和投影图如图 3.22 所示。

　　一般位置平面的投影特征为：三投影均为平面的类似图形，不反映平面的实形与倾角。

3.36

一般位置平面

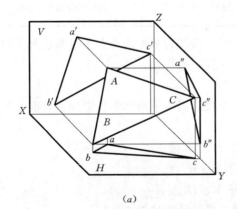

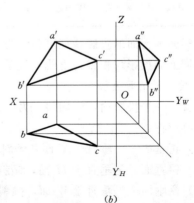

(a)　　　　　　　　　　　　　　　(b)

图 3.22　一般位置平面

3.3.3 平面内的直线和点

直线和点在平面内的几何条件是：

（1）通过平面上两点的直线必在平面上。如图 3.23（a）所示，1、2 两点是△ABC 平面上的点，所以通过 1、2 两点的直线必定在△ABC 平面上。

（2）通过平面上的一个点，且平行于平面上任意一条直线的直线必在该平面上。如图 3.23（b）所示，1 是△ABC 平面上的一个点，直线通过点 1 且平行于平面上的 BC 直线，则此直线必在△ABC 平面上。

（3）如果某点位于平面内任意一条直线上，则此点必在该平面上。如图 3.23（c）所示，点 K 位于△ABC 平面内的 12 直线上，则点 K 必定在△ABC 平面上。

3.37 ▶

几何条件（1）

3.38 ▶

几何条件（2）

3.29 ▶

几何条件（3）

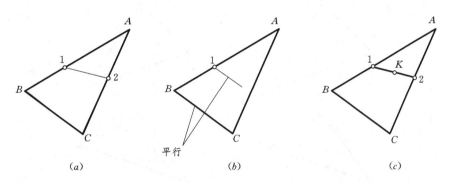

(a)　　　　　　(b)　　　　　　(c)

图 3.23　在平面上直线和点存在的几何条件

【例 3.7】　如图 3.24（a）所示，试判断点 M 是否在△ABC 所确定的平面上。

解　分析：根据点在平面内的几何条件可知，点 M 若在△ABC 平面上，必在该平面上的某一条直线上，否则点 M 就不在平面内。

作图步骤：

（1）如图 3.24（b）所示，连接 $a'm'$ 并延长交 $b'c'$ 于 d'，$a'd'$ 为平面内过点 m' 的辅助线。

（2）求点 d' 的水平投影 d，并连接 ad，m 不在 ad 上，故点 M 不在直线 AD 上。因此，点 M 也不在△ABC 平面内。

3.40 ▶

例 3.7

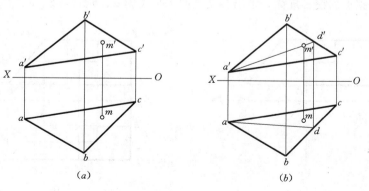

(a)　　　　　　　　　　(b)

图 3.24　判断点是否在平面上

【**例 3.8**】 如图 3.25（*a*）所示，已知点 *K* 是在△*ABC* 平面上，已知 *k′*，求 *k*。

解 分析：点 *K* 在△*ABC* 平面上，必在△*ABC* 平面上的一条直线上。

作图步骤：

（1）连接 *c′k′* 并延长，交 *a′b′* 于 *d′*，则 *c′d′* 是平面内过点 *k′* 的一条直线 *CD* 的正面投影，如图 3.25（*b*）所示。

（2）求 *CD* 的水平投影，过 *d′* 引 *OX* 轴的垂线并交得 *ab* 于 *d*，连接 *cd* 即为直线 *CD* 的水平投影，如图 3.25（*b*）所示。

（3）过 *k′* 作 *OX* 轴的垂线交 *cd* 于 *k*，即为所求，如图 3.25（*b*）所示。

3.41
例 3.8 方法 1

3.42
例 3.8 方法 2

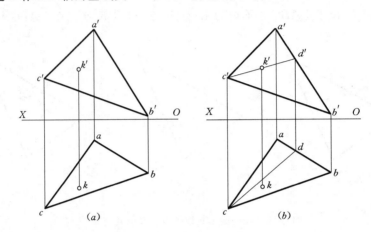

图 3.25 平面上取点
（*a*）已知；（*b*）作图判定

【**例 3.9**】 如图 3.26（*a*）所示，试完成该平面图形的水平投影。

解 分析：从平面图形的侧面投影积聚为一斜线，可知该平面图形为侧垂面，因此它的水平投影必为类似形。

作图步骤：

（1）把正面投影的各交点 *a′*、*b′*、*c′*、*d′*、*e′*、*f′*，向侧面投影得 *a″*（*b″*）、*c″*（*d″*）、*f″*（*e″*），如图 3.26（*b*）所示。

3.43
例 3.9

（2）根据点的投影规律，求出各交点的水平投影 *a*、*b*、*c*、*d*、*e*、*f*。

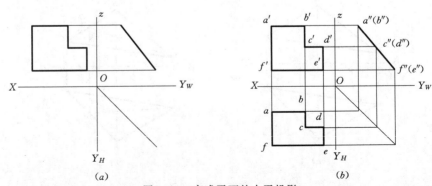

图 3.26 完成平面的水平投影

（3）依次连接各点，即 ab、bc、cd、de、ef、fa 并加粗，完成该平面图形的水平投影。

3.4　直线与平面、平面与平面的相对位置

3.4.1　平行

1. 直线与平面平行

由几何条件可知：如果一条直线平行于平面内的任意一条直线，则此直线与该平面平行；反之，若直线平行于平面，则在该平面内必能作出与此直线平行的直线。

如图 3.27（a）所示，直线 DE 平行于△ABC 平面内的直线 AB（$d'e'/\!/a'b'$，$de/\!/ab$），所以 DE 平行于△ABC 平面。

对于特殊位置的平面，只要判断其平面具有积聚性的那个投影是否与直线在该投影面上的投影平行即可，如图 3.27（b）所示。

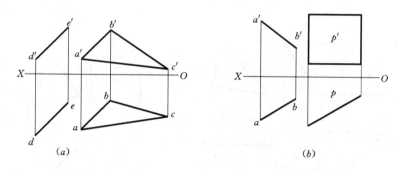

图 3.27　直线与平面平行

（a）直线与一般平面平行；（b）直线与铅垂面平行

【例 3.10】　如图 3.28（a）所示，已知直线 MN 和△ABC 平面的两面投影，试判断直线 MN 是否与△ABC 平行。

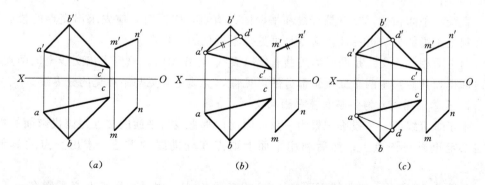

图 3.28　判断直线与平面是否平行

解　分析：解决这类问题，是看能否在△ABC 平面上作出一条与 MN 平行的直线来，如能作出，则与△ABC 平面平行，否则 MN 与△ABC 平面不平行。

作图步骤:

(1) 自 a' 作 $m'n'$ 的平行线与 $b'c'$ 交于 d',再自 d' 向 OX 轴引垂线交 bc 于 d,如图 3.28 (b)、(c) 所示。

(2) 连接 ad,因 ad 与 mn 不平行,即 MN 与 AD 不平行,所以 MN 与 △ABC 平面不平行,如图 3.28 (c) 所示。

2. 平面与平面平行

由几何定理可知:如果一平面内的两条相交直线与另一平面内的两条相交直线对应平行,则这两个平面相互平行。

如图 3.29 (a) 所示,四边形 $ABCD$ 中的 AB 平行于 △EFG 中的 EF($a'b'//e'f'$、$ab//ef$),四边形中所作出的辅助直线 AH 平行于三角形中的 EG($a'h'//e'g'$、$ah//eg$),所以平面 $ABCD$ 平行于平面 EFG。

对于两垂直面平行的问题,首先要看是否是同一投影面的垂直面,如果是,则要判断其积聚性投影是否平行,如果平行,则两平面平行,否则不平行,如图 3.29 (b) 所示。

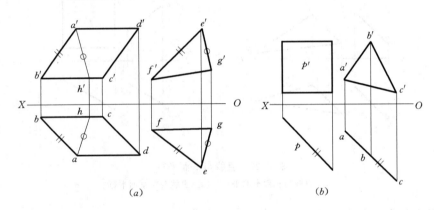

图 3.29　两平面平行

3.4.2　相交

直线与平面相交,交点是直线和平面的共有点,作图时,应先求出交点的投影,然后判定重影部分的可见性,交点是可见与不可见的分界点。

两平面相交,交线是两平面的共有线(直线),作图时,只要求出交线上的两点,连线即得,然后判定两平面重影部分的可见性,交线是可见与不可见的分界线。

1. 投影面垂直线与一般位置平面相交

由于垂直线的一个投影积聚为一点,因此,垂直线与平面的交点在该投影面的投影也必定重影在该点上;然后利用平面上取点作辅助线的方法,求出交点的其他投影。

如图 3.30 所示,铅垂线 EF 与 ABC 相交于 K 点,水平投影点 k 必重影在 $e(f)$ 点上,连接 ck 并延长于 m,再作 CM 正面投影 $c'm'$,$c'm'$ 与 $e'f'$ 交点 k' 即为所求,其水平投影的可见性不需要判断,正面投影的可见性可利用重影点可见性的判断方法来判定,由直线的正面投影 $e'f'$ 和平面上的边线 $b'c'$ 的重影点 $1'$ 和 $2'$,找出它们的水平投影 1 和 2，可以看出 1 在前，2 在后，所以 $e'f'$ 直线 k' 的上端为可见应画实线而 k' 的下端与平面重叠部分为不可见，应画虚线，如图 3.30（b）所示。

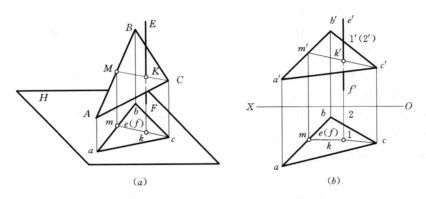

图 3.30 垂直线与一般位置平面相交

2. 一般位置直线与特殊位置平面相交

由于投影面垂直在其所垂直的投影面上的投影积聚为直线，故直线与特殊位置平面的交点在该投影面上的投影必定在平面的积聚性投影上，所以利用积聚性和共有性即可直接求出交点的一个投影，另一个投影则利用直线上取点的方法求出。

如图 3.31 所示，直线 AB 与铅垂面 $CDEF$ 相交，其交点 K 的水平投影即为直线的水平投影 ab 与平面 $CDEF$ 的水平投影（积聚为直线）的交点 k，由 k 向 OX 轴作垂线与 $a'b'$ 相交于 k'。由水平投影可以看出，直线 BK 位于平面 $CDEF$ 之前，而 KA 部分则在该平面之后，所以正面投影中 $k'a'$ 与平面投影的重叠部分应画虚线。

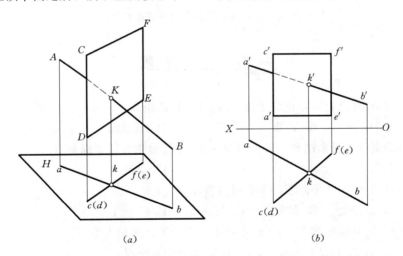

图 3.31 一般位置直线与垂直面相交

3. 一般位置平面与特殊位置平面相交

由于特殊位置平面的投影具有积聚性，因此，交线的一个投影必积聚在该投影上，由此可取出交线的其他投影。

如图 3.32（a）所示，平面 $DEFG$ 和 ABC 的交线 MN 是 ABC 平面上的两边 AB

和 AC 与平面 $DEFG$ 的两个交点 M 和 N 的连线。因此，求两平面的交线问题，实质上还是求直线与平面的交点问题，其中 $DEFG$ 平面为铅垂面。所以利用积聚性即可求出两交点的投影，连接即得交线。

如图 3.32（b）所示，由水平投影 ab 和 ac 与平面 $d(e)(f)g$（积聚为直线）的交点 m 和 n，可求出 m' 和 n'，连接 mn 和 $m'n'$ 即为交线的投影。对于可见性的问题，水平投影不需要判断。而正面投影的可见性则可以从两平面的水平投影中找到答案。很明显，平面 ABC 中的 $BCNM$ 部分位于四边形 $DEFG$ 之后，AMN 部分位于四边形 $DEFG$ 之前，所以在正面投影 $c'n'$、$b'm'$、$c'b'$ 在四边形平面之内的部分是不可见的，应画虚线，而对于四边形中的 fg 线端在为于三角形平面 ABC 之内的部分也是不可见的，应画虚线。

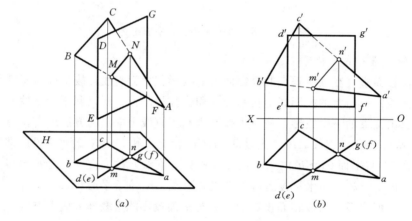

图 3.32 一般位置平面与垂直面相交

3.44 ▶

综合举例——求点的投影

3.45 ▶

综合举例——求直线的投影

3.46 ▶

综合举例——辅助直线法求投影

复习思考题

3.1 点 A 的 x 坐标，反映了点 A 到（ ）的距离。

    A. H 面   B. V 面   C. W 面   D. 原点面

3.2 绘制点的投影图时，V 面投影和 H 面投影相等的坐标是（ ）。

    A. x B. y C. z D. x 和 y

3.3 点 A 的 z 坐标为零，其空间位置在（ ）。

    A. 原点处   B. Z 轴上   C. V 面上   D. H 面上

3.4 点 A 和点 B 到 V、H 面的距离对应相等，这两点为（ ）。

    A. H 面上的重影点   B. V 面上的重影点

    C. W 面上的重影点   D. H 面和 W 面的重影点

3.5 在下列几组点的坐标中，在 W 面上为重影点，且点 A 可见的一组点的坐标是（ ）。

    A. $A(5,10,8)$、$B(10,10,8)$ B. $A(10,10,8)$、$B(10,10,5)$

    C. $A(10,30,5)$、$B(5,30,5)$ D. $A(10,30,8)$、$B(10,20,8)$

3.6 正垂线的投影特征是（ ）。

A. W 投影积聚成一点 　　 B. H 投影变短

C. V 投影积聚成一点 　　 D. H 投影变长

3.7 直线平行于投影面时，其投影（ ）。

A. 反映实长 　　　　　　 B. 变短

C. 变长 　　　　　　　　 D. 积聚成一点

3.8 已知 $a'b'//X$，ab 倾斜于 X，则 AB 直线为（ ）。

A. 水平线 　 B. 正平线 　 C. 侧垂线 　 D. 一般位置直线

3.9 已知 $c'd'//X$，$cd//X$，则 CD 直线为（ ）。

A. 水平线 　 B. 正平线 　 C. 侧垂线 　 D. 一般位置直线

3.10 在下列两直线的 V、H 面投影中，不能直接判断其平行的是（ ）。

A. 两水平线 　 B. 两正平线 　 C. 两侧平线 　 D. 两侧垂线

3.11 在 V、H 面投影中，相交的两直线是（ ）。

A. 两直线的 V 面投影平行，H 面投影相交

B. 两直线的 V、H 面投影都不平行，也不相交

C. 两直线的 V、H 面投影都相交，交点连线不垂直于 OX 轴

D. 两直线的 V、H 面投影都相交，交点连线垂直于 OX 轴

3.12 空间平行的两直线，其投影特征为（ ）。

A. 正面平行于水平投影 　　　 B. 两直线的水平投影平行

C. 两直线的同面投影相互平行 　 D. 三面投影相互平行

3.13 下列几种直线，与侧垂线不垂直的是（ ）。

A. 正垂线 　　 B. 铅垂线 　　 C. 侧平线 　　 D. 正平线

3.14 一条正平线与一条一般位置直线垂直，这两条直线投影相互垂直的是（ ）。

A. V 面投影 　 B. H 面投影 　 C. W 面投影 　 D. V、H 面投影

3.15 平面倾斜于投影面时，其投影是（ ）。

A. 反映实形 　　　　　　 B. 类似形面积缩小

C. 积聚成直线 　　　　　 D. 类似形面积放大

3.16 平面平行于投影面时，其投影是（ ）。

A. 积聚成曲线 　　　　　 B. 反映实形

C. 类似形面积缩小 　　　 D. 类似形面积放大

3.17 平面垂直于投影面时，其投影是（ ）。

A. 积聚成曲线 　　　　　 B. 积聚成直线

C. 类似形面积缩小 　　　 D. 类似形面积放大

3.18 水平面的三面投影中，反映平面实形的是（ ）。

A. V 面投影 　 B. H 面投影 　 C. W 面投影 　 D. V、H、W 面投影

3.19 正垂面在三投影面体系中，类似性投影在（ ）。

A. V、H 面 　 B. V、W 面 　 C. W、H 面 　 D. V、H、W 面

3.47 ▶

综合举例—
判断投影
特性

3.48 ▶

综合举例—
求最大斜度线

3.49 ▶

综合举例—
求实长和
倾角

3.20　在一般位置平面 P 内取一直线 AB，若 $a'b'/\!/X$ 轴，则 AB 直线是（　）。

A. 水平线　　B. 正平线　　　　C. 侧平线　　　　D. 侧垂线

3.21　一水平线与 Q 面平行，此水平线的投影与 Q 面内的（　）。

A. 任一直线同面投影平行　　　　B. 水平线同面投影平行

C. 正平线同面投影平行　　　　　C. 侧平线同面投影平行

3.22　当垂直线与一般位置平面相交时，交点的投影可以在平面上作辅助线的方法求解，下列做法错误的是（　）。

A. 过垂直线的积聚性投影与平面上任意一端点作辅助线

B. 过垂直线的积聚性投影与平面上任意一直线平行的辅助线

C. 过垂直线的积聚性投影与平面上的平行线为辅助线

D. 不过垂直线的积聚性投影，在平面上任作一直线为辅助线

3.23　下列几组两平面相交，其交线为水平线的是（　）。

A. 正垂面与侧垂面　　　　　　　B. 水平面与一般位置平面

C. 侧平面与一般位置平面　　　　D. 侧垂面与一般位置平面

第4章 轴 测 图

1. 教学目标和任务
(1) 理解轴测图的概念及分类。
(2) 掌握轴测图的平行性、可量性的基本性质。
(3) 掌握正等轴测图、斜二轴测图的轴间角及轴向伸缩系数。
(4) 掌握平面形体和曲面形体轴测图的绘制方法。

2. 教学重点和难点
(1) 教学重点：轴测图的概念和分类；轴测图的平行性、可量性的基本性质；正等轴测图、斜二轴测图的轴间角及轴向伸缩系数。
(2) 教学难点：根据空间形体的特点，运用坐标法、特征面法、叠加法、切割法等方法绘制出形体的正等轴测图及斜二轴测图。

3. 岗课赛证要求
轴测图是帮助读图、构思的辅助图样，应掌握形体轴测图的绘制方法。

4.1 轴测图的基本知识

轴测图是一种能同时反映物体长、宽、高三个方向特征的单面投影图。如图 4.1 所示，相对于三视图而言，轴测图直观性强，富有立体感，可以弥补正投影的不足，是一种帮助读图、构思的辅助图样。

4.1.1 轴测图的形成

如图 4.2 所示为轴测图的形成过程。设想在立方体上设立空间直角坐标系 O_1X_1、O_1Y_1、O_1Z_1，将物体连同坐标系一起，沿不平行于任一坐标轴的方向 S，用平行投影法将其投影到单一投影面 P 上，即得到同时反映物体长、宽、高的轴测图。

4.1 ▶

视图与轴测图

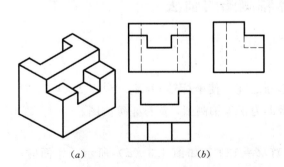

图 4.1 轴测图与三视图
(a) 轴测图；(b) 正投影图

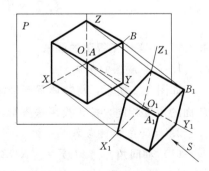

图 4.2 轴测图的形成

其中：

（1）平面 P 称为轴测投影面。

（2）方向 S 称为轴测投影方向。

（3）O_1X_1、O_1Y_1、O_1Z_1 称为坐标轴，分别平行于物体的长、宽、高方向。

（4）OX、OY、OZ 称为轴测轴，是坐标轴在轴测投影面上的投影。

（5）轴测轴之间的夹角 $\angle XOY$、$\angle XOZ$、$\angle YOZ$ 称为轴间角。

（6）轴测图上沿轴测轴方向的线段长度与物体上沿坐标轴方向的对应线段长度之比，称为轴向变形系数。X、Y、Z 轴向变形系数分别用 p、q、r 表示，即

$$p = \frac{OX}{O_1X_1};\quad q = \frac{OY}{O_1Y_1};\quad r = \frac{OZ}{O_1Z_1}$$

4.1.2　轴测图的分类

工程中常用的轴测图可作如下分类。

（1）按投影方向分为正轴测图和斜轴测图两类。

1）当投影方向 S 垂直于轴测投影面 P 时，称为正轴测图。

2）当投影方向 S 倾斜于轴测投影面 P 时，称为斜轴测图。

（2）按轴向变形系数是否相等分为三类。

1）$p = q = r$，称为正（或斜）等测图。

2）$p = r \neq q$ 或 $p \neq q = r$ 或 $p = q \neq r$，称为正（或斜）二测图。

3）$p \neq r \neq q$，称为正（或斜）三测图。

本章着重介绍工程上常用的正等测图和斜二测图的画法。

4.1.3　轴测图的基本特性

（1）平行性。物体上互相平行的线段在轴测图上仍然互相平行。

（2）定比性。物体上两平行线段长度之比在轴测图上保持不变。

根据定比性，物体上凡与坐标平行的线段，都具有相同的轴向变形系数，因而可以测量；反之，不平行于轴测轴的线段都不能直接测量。轴测图的"轴测"二字可以通俗地理解为"沿轴可以测量"。

（3）真实性。物体上平行于轴测投影面的平面，在轴测图中反映真实形状。

4.2　平面体轴测图的画法

4.2.1　平面体正等测的画法

1. 正等测图的形成

如图 4.2 所示，将物体置于轴测投影面之前，使坐标轴 O_1X_1、O_1Y_1、O_1Z_1 对 P 面的角度相同，按正投影法投影，所得即为正等轴测图，简称正等测图。

2. 轴间角和轴向变形系数

（1）轴间角。$\angle XOY = \angle XOZ = \angle YOZ = 120°$，如图 4.3（a）所示。作图时，$OZ$ 轴成铅垂位置，OX 轴和 OY 轴可用 30°三角板配合丁字尺绘出，如图 4.3（b）所示。在轴测图中 Z 轴总是竖直放置，X 轴和 Y 轴的位置可以互换。

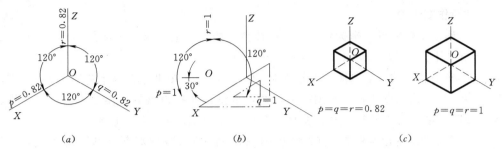

图 4.3 正等测图的轴间角、轴向变形系数

（2）轴向变形系数。正等测的轴向变形系数 $p=q=r=0.82$，为了画图简便，常采用简化轴向变形系数 $p=q=r=1$ 作图，因而正等测图是实际物体的轴测图的 $1/0.82=1.22$ 倍，如图 4.3（c）所示。

3．作图方法

画轴测图的常用方法有：坐标法、特征面法、叠加法和切割法。可根据物体结构特点采用不同方法。画轴测图时，轴测图上不必画出轴测轴，可画出参照轴测轴，然后以测量尺寸方便为原则选定起画点，依据轴测图的基本性质画出。

平面体的正等测图的画图的总体步骤是"由面到体"，即先画出物体的某一表面的轴测投影，然后"扩展"成立体。

（1）坐标法。利用平行性沿坐标轴量出平行坐标轴的线段尺寸，确定物体上各顶点的位置，并依次连接，这种得到物体轴测图的方法称为坐标法。

【例 4.1】 作图 4.4（a）所示的四棱台的正等测图。

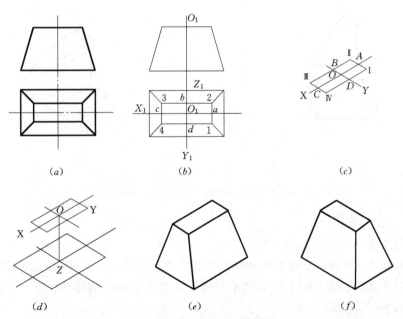

图 4.4 用坐标法画正等测图

解 （1）分析。四棱台是由 8 点共 12 条线 6 个面组成，由于上下表面平行于水平面，故可用坐标法首先作出上下表面的正等测图，再连接对应点即得四棱台的正等测图。

（2）作图步骤。

1）确定坐标原点、坐标轴，并在四棱台的俯视图上标出上表面的顶点 1、2、3、4，坐标轴上点 a、b、c、d 如图 4.4（b）所示。

2）作上表面的正等测图：作轴测轴 OX、OY，并按坐标在其上截得 A、B、C、D 四点，过上述四点作相应轴测的平行线，求得顶面各顶点的轴测投影 Ⅰ、Ⅱ、Ⅲ、Ⅳ。顺序连接各点即得四棱台上表面的正等测图，如图 4.4（c）所示。

3）作下表面的正等测图：首先将上表面的对称中心 O 沿 OZ 轴下移四棱台高得下表面对称中心，然后重复上表面的作图过程，即得下表面的正等测图，如图 4.4（d）所示。

4）用直线连上表面和下表面的对应点，擦去作图线，描深可见轮廓线，完成作图，如图 4.4（e）所示。

注意：由物体表面开始画图时，只需画出两根轴测轴，只有由表面向立体"扩展"时，才需画第三根轴测轴。轴测图中只画出物体的可见部分，而且轴测轴 OX 与 OY 可对调，本例对调上述二轴后四棱台的正等测图如图 4.4（f）所示。

4.8 ▶

特征面法

（2）特征面法。特征面法适用于画柱类形体的轴测图。先画出能反映柱体形状特征的一个可见底面，再过底面各顶点画出可见的侧棱，然后顺次连接出另一底面，从而求得物体的轴测图。这种方法称为特征面法。

【例 4.2】 作图 4.5（a）所示的物体的正等测图。

解 （1）分析。由图可知，物体的前后面反映物体的形状特征，正视图反映前后面的真实形状，故画图可依据正视图先画前表面的正等测图，然后沿宽度方向作棱线完成作图。

4.9 ▶

例 4.2

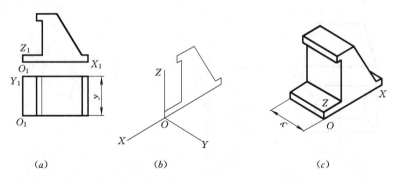

(a)   (b)   (c)

图 4.5 用特征面法画物体的正等测图 (1)

（2）作图步骤。

1）设坐标原点、坐标轴，如图 4.5（a）所示。

2）作物体前表面的正等测图，如图 4.5（b）所示。注意右上斜向轮廓线应最后画出。

3）过前表面各顶点引 OY 轴的平行线，并在其上截取物体的宽度 y，依次连各点得物体的正等测图。

4）擦去作图线，描深可见轮廓线，完成全图，如图 4.5（c）所示。

【例 4.3】 作图 4.6（a）所示物体的正等测图。

解 （1）分析。由图可知物体，物体的前表面和左表面反映形状特征，所以该物体的正等测图仍采用特征面法作图。

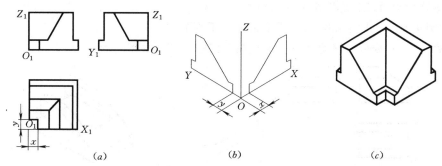

图 4.6 用特征面法画物体的正等测图 (2)

(2) 作图步骤。

1) 设坐标原点、坐标轴，如图 4.6 (*a*) 所示。

2) 作前表面和左表面的正等测图，如图 4.6 (*b*) 所示。

3) 沿两表面各顶点分别作 *OY*、*OX* 的平行线使之对应相交，并作表面交线，即得物体的正等测图，如图 4.6 (*c*) 所示。

(3) 叠加法。画由几部分叠加而成的物体时，应该从主到次逐个画出各基本体的轴测图，最后连成一体。这种完成物体轴测图的方法称为叠加法。

【例 4.4】 作图 4.7 (*a*) 所示物体的正等测图。

解 (1) 分析。该物体为一挡土墙，可看成由一个直八棱柱和两个三棱柱组合而成。应先画主体直八棱柱，再按三棱柱的位置逐一将两个三棱柱画出，完成作图。

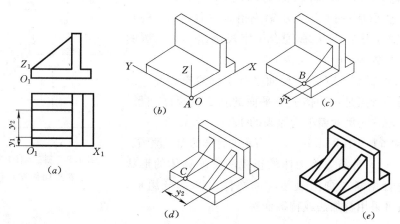

图 4.7 用叠加法画物体的正等测图

(2) 作图步骤。

1) 设坐标原点、坐标轴，如图 4.7 (*a*) 所示。

2) 以 *A* 为起画点，用特征面法画直八棱柱，如图 4.7 (*b*) 所示。

3) 准确定位，以 *B* 为起画点，用特征面法画前面三棱柱，如图 4.7 (*c*) 所示。

4) 准确定位，以 *C* 为起画点，用特征面法画后面三棱柱，如图 4.7 (*d*) 所示。

5) 擦去被遮挡的图线，检查加深完成作图，如图 4.7 (*e*) 所示。

4.10 ▶

切割法

4.11 ▶

例 4.5

（3）切割法。画切割形体时，先画出未切割之前基本体的轴测图，然后再按切割顺序逐处切割而成。这种作图方法称为切割法。

【例 4.5】 作图 4.8（*a*）所示物体的正等测图。

解 （1）分析。该物体可认为是在五棱柱上切矩形槽而形成的。

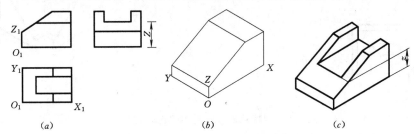

图 4.8 用切割法画物体的正等测图

（2）作图步骤。

1）设坐标原点、坐标轴，如图 4.8（*a*）所示。

2）用特征面法画五棱柱的正等测图，如图 4.8（*b*）所示。

3）在上部居中位置切左右方向的矩形通槽，注意槽底与物体底面之距应平行于 *Z* 轴方向度量得，如图 4.8（*c*）所示。

4）擦去作图线及被切轮廓线，描深后完成作图。

4.2.2 平面体斜二测的画法

斜二测的画法与正等测图基本相同，区别仅在于两者轴间角与轴向变形系数不同。

如图 4.9 所示，斜二测的轴间角 $\angle XOZ = 90°$，$\angle YOZ = \angle XOY = 135°$。$OZ$ 轴成铅垂位置，OX 轴水平，OY 轴可用 45° 三角板配合丁字尺画出。斜二测的轴向变形系数 $p = r = 1$，$q = 0.5$。

因为斜二测的 XOZ 坐标面平行于轴测投影面，所以斜二测的特点是：物体上正平面的斜二测反映实形，平行 OY 轴方向尺寸缩小为原来的 1/2。

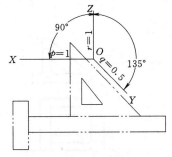

图 4.9 斜二测的轴间角和轴向伸缩系数

【例 4.6】 作图 4.10（*a*）所示的物体的斜二测图。

解 （1）分析。该物体的正视图反映物体的形状特征，适合用斜二测图表达。该物体由两部分组成，作图方法可采用叠加法或特征面法。

4.12 ▶

例 4.6

4.13 ▶

补充题

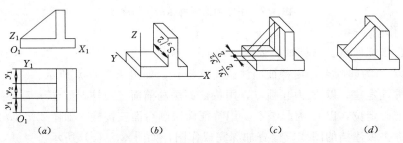

图 4.10 平面体的斜二测画法示例

（2）作图步骤。

1）设坐标原点、坐标轴，如图4.10（a）所示。

2）从前表面开始作第Ⅰ部分的斜二测图，宽度取 $y_1 + \dfrac{y_2}{2}$，如图4.10（b）所示。

3）作第Ⅱ部分的斜二测图，其中Ⅰ、Ⅱ两部分前表面之距取 $y_1/2$，Ⅱ的宽度取 $y_2/2$，如图4.10（c）所示。

4）擦去作图线，描深，完成作图，如图4.10（d）所示。

4.3 曲面体轴测图的画法

曲面体轴测图的画法与平面体轴测图的画法相同，画曲面体轴测图的关键是掌握物体上圆以及圆弧的画法。

4.3.1 曲面体正等测的画法

1. 平行于坐标面的圆的正等测图

由于各坐标面与轴测投影面都倾斜，所以平行于坐标面的圆的正等测图是椭圆，如图4.11所示。由图4.11可以看出：

（1）圆的中心线的正等测平行于相应坐标面上的两根坐标轴。

（2）椭圆的长轴方向垂直于不在这个坐标面上的那根轴。如水平圆的正等测，中心线平行于 OX、OY 轴，长轴方向垂直于 OZ 轴。

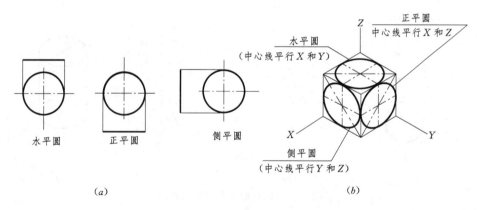

4.14

水平圆正等测图

图4.11 平行于坐标面的圆的正等测图

（a）投影图；（b）正等测图

画平行坐标面的圆的正等测一般采用菱形法。菱形法是用四段圆弧近似画出椭圆，且只适用于正等测，画法如图4.12所示。

1）设坐标原点，坐标轴，并作圆的外切正方形，切点为 a、b、c、d，如图4.12（a）所示。

2）以圆的中心为起画点，先画中心线，然后根据圆的半径定出一对共轭直径的端点 A、B、C、D，过此四个点画圆的外切正方形，即四条切线的正等测——菱形。A、B、C、D 为椭圆与各边菱形的切点，如图4.12（b）所示。

3）过切点作切线的垂线得四个交点 1、2、3、4，即为四段圆弧的圆心，如图4.12（c）所示。

4）分别以 1、2 为圆心，$1B$ 为半径，画 BC、AD 圆弧，再分别以 3、4 为圆心，$3A$ 为半径画 AB、CD 圆弧，完成作图，如图 4.12（d）所示。

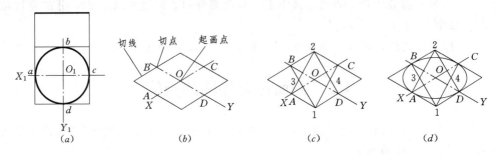

图 4.12 水平圆正等测图的画法

2. 曲面体的正等测图

常用的曲面体是圆柱、圆台（锥），它们的正等测图是画出两底面圆，再作出两底面公切线表示柱面或锥面。

【例 4.7】 作图 4.13（a）所示圆柱的正等测图。

解 （1）分析。该圆柱轴线为铅垂线，顶圆和底圆分别位于 $X_1O_1Y_1$ 坐标面及其平行面上，其正等测图为椭圆，以菱形法作图。

4.15

例 4.7

4.16

补充题

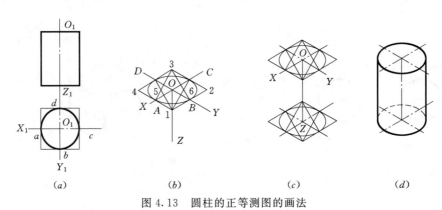

图 4.13 圆柱的正等测图的画法

（2）作图步骤。

1）设坐标原点（顶面圆心）、坐标轴，并作圆的外切正方形，切点为 a、b、c、d，如图 4.13（a）所示。

2）用菱形法画顶圆的正等测图，如图 4.13（b）所示。

3）画底圆的正等测图。将顶圆圆心沿 Z 轴下移圆柱的高，得底圆圆心的正等测投影，然后用相应的半径画出底圆圆弧，得底圆的正等测图椭圆，如图 4.13（c）所示。

4）作两椭圆的公切线，擦去辅助线及不可见线，描深可见轮廓线后即完成作图，如图 4.13（d）所示。

注意：轴线为正垂线或侧垂线的圆柱，其正等测图的画法与［例 4.7］相同，但因它们端面圆的空间位置不同，直径的方向不同，作出的椭圆的长短轴方向随之不同，因而圆柱的正等测图是不相同的，如图 4.14 所示。

【例 4.8】 作图 4.15（a）所示物体的正等测图。

解 （1）分析。该物体上有两个圆角，作图时先不考虑圆角，作长方体的正等测图，在此基础上用切割法再作出圆角的正等测图。

（2）作图步骤。

1）设坐标原点，坐标轴，延长圆角的两切线使之相交，如图 4.15（a）所示。

2）不考虑圆角，作长方体的正等测图，如图 4.15（b）所示。

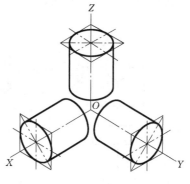

图 4.14 三个方向圆柱的正等测图

4.17

例 4.8

3）画圆角，先由 R 定上底面圆角的切点 1、2、3、4，然后过切点作垂线定圆心 O_1、O_2。以 O_1 为圆心，$O_1 1$ 为半径作 12 圆弧；以 O_2 为圆心，$O_2 3$ 为半径作 34 圆弧，得顶面两圆角的正等测图，如图 4.15（c）所示。

4）用移心法定下底面圆心及切点，并作圆弧，如图 4.15（d）所示。

5）作右角上下两圆弧的公切线，擦去作图线及不可见线，描深可见轮廓线后即完成作图，如图 4.15（e）所示。

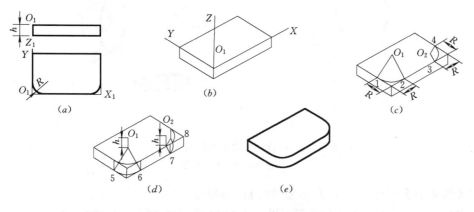

图 4.15 曲面体正等测图画法示例

【例 4.9】 作图 4.16（a）所示物体的正等测图。

解 （1）分析。该物体为半圆头板，前后贯通圆柱孔。先作长方体，再用切割法画其正等测图。

（2）作图步骤。

1）设坐标轴，作 1/2 外切正方形，如图 4.16（a）所示。

2）作长方体的正等测图，如图 4.16（b）所示。

4.18

例 4.9

3）用菱形法作前表面上半圆的正等测图，用平移法作后表面上半圆的正等测图，在右上角作两圆弧的公切线，如图 4.16（c）所示。

4）切圆孔，得物体的正等测图，如图 4.16（d）所示。

注意：圆孔后壁的圆是否可见，取决于孔径与板厚之间的关系。若板厚度小于椭圆短轴，则后面的圆可见，反之为不可见。

4.19 ▶

半圆头板的
斜二测图

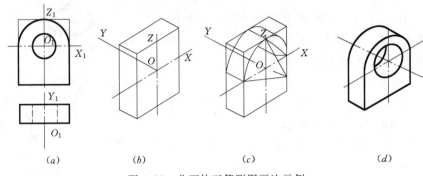

(a)　　　　(b)　　　　(c)　　　　(d)

图 4.16　曲面体正等测图画法示例

4.3.2　曲面体斜二测的画法

由于斜二测的 XOZ 坐标面平行于轴测投影面，所以正平圆的斜二测反映实形，可直接画出。水平圆及侧平圆的斜二测为椭圆，可运用坐标法逐点画出，如图 4.17 所示。

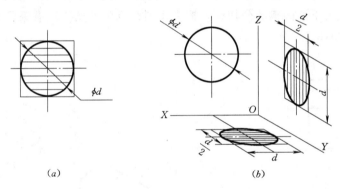

(a)　　　　　　　　　　(b)

4.20 ▶

例 4.10

图 4.17　平行坐标面的圆的斜二测画法
（a）视图；（b）斜二测图

【例 4.10】　作图 4.18 所示物体的斜二测图。

解　（1）分析。物体的特征面平行于 $Y_1O_1Z_1$ 坐标面（由左视图反映），且只在一个方向有圆弧，作图时将 X 轴与 Y 轴及相应的轴向变形系数对调。

4.21 ▶

补充题

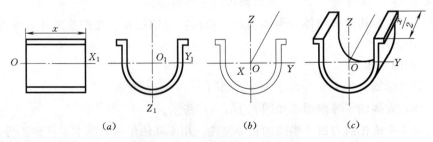

(a)　　　　　　(b)　　　　　　(c)

图 4.18　曲面体斜二测画法示例

（2）作图步骤。

1）设坐标轴，如图 4.18（a）所示。

2）作物体一个表面的斜二测图，反映实形，如图 4.18（b）所示。

3）过表面上各点引平行于 OY 轴的直线，均截取 $x/2$，圆弧用平移法作图，进而作出另一表面的斜二测图，如图 4.18（c）所示。

4）擦去作图线，描深，完成作图，如图 4.18（c）所示。

4.4　轴　测　图　的　选　择

不同的轴测图或同一种轴测图，选择的投影方向不同，所画出的轴测图表达效果也不相同。选择轴测图时，一般从以下两个方面来考虑。

1. 作图简便

当物体单一方面具有圆或圆弧及其他复杂形状时，选择斜二测作图比较简便；当物体多个坐标面上有圆或圆弧时，用正等测作图简便。

2. 直观性好

如图 4.19 所示的滑块，如改变 OY 轴的方向，将得到形状大小完全相同表达效果却不同的轴测图，因为滑块底部形状复杂，显然图 4.19（b）比图 4.19（a）的直观性好。

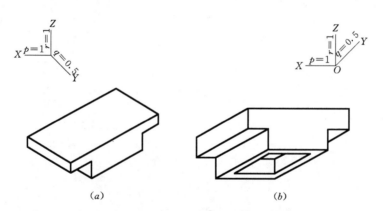

（a）　　　　　　　　　　（b）

图 4.19　OY 轴方向不同的滑块斜二测图

复 习 思 考 题

4.1　正轴测图是（　　）。

    A. 单一中心投影　　　　　　　　B. 单一斜投影

    C. 多面正投影　　　　　　　　　D. 单一正投影

4.2　轴测图具有的基本特性是（　　）。

    A. 平行性，收缩性　　　　　　　B. 平行性，可量性

    C. 收缩性，积聚性　　　　　　　D. 平行性，积聚性

4.3 正等测的轴间角是（ ）。

A. 90°，90°，135°   B. 都是 90°   C. 90°，135°，135°   D. 都是 120°

4.4 斜二测的轴向变形系数是（ ）。

A. $p=q=r=1$ B. $p=q=r=0.82$

C. $p=r=1$，$q=0.5$ D. $p=q=1$，$r=0.5$

4.5 正平圆的斜二测图是（ ）。

A. 椭圆   B. 与原来相同的圆

C. 放大 1.22 倍的圆   D. 放大 1.22 倍的椭圆

4.6 侧平圆中心线的正等测图应平行（ ）。

A. X 轴、Y 轴   B. X 轴、Z 轴   C. Y 轴、Z 轴   D. 任意两轴

4.7 水平圆中心线的正等测图应平行（ ）。

A. X 轴、Y 轴   B. X 轴、Z 轴   C. Y 轴、Z 轴   D. 任意两轴

4.8 平行于正立投影面的正方形，对角线平行于 X 轴、Z 轴，它的正等测图是（ ）。

A. 菱形   B. 正方形   C. 多边形   D. 长方形

第5章 组　合　体

1. 教学目标和任务

(1) 掌握组合体的形体分析法和线面分析法的概念。

(2) 掌握组合体的组合形式和各部分之间的表面连接关系。

(3) 根据组合体的两视图，能正确补绘出组合体的第三视图。

(4) 正确、完整、清晰地进行组合体的尺寸标注。

2. 教学重点和难点

组合体三视图的绘制方法；按照制图标准对组合体视图标注尺寸。

3. 岗课赛证要求

运用形体分析法和线面分析法，对组合体三视图进行读图、绘图及标注尺寸。

所谓组合体，是对形状、结构比较复杂的那一类形体的统称。工程建筑物从形体角度看，都是由一些基本体按一定的组合形式组合而成，称为组合体。本章阐述组合体的画法、尺寸注法和读图方法。

5.1　组合体的形体分析

5.1.1　组合体的组合方式

组合体的组合方式通常分为三种，即叠加类、切割类和综合类，如图 5.1 所示。

5.1.2　组合体各部分之间表面连接关系及投影特点

组合体表面连接关系可分为相贴、相切和相交三种。

1. 相贴

组合体中两部分的平面相互接触称为相贴。根据两平面相互接触的情况可分为：

(1) 表面平齐。平齐时无分界线，如图 5.2 (a) 所示。

(2) 表面不平齐。不平齐时有分界线，如图 5.2 (b) 所示。

2. 相切

组合体中两部分间（平面与曲面或曲面与曲面）的光滑过渡称为相切。相切处不存在交线，如图 5.3 所示。

在相切处形成光滑过渡，故不需画交线。因此在正视图和左视图中相切处不应画线。只需注意两个切点在正视图和左视图中的位置。

3. 相交

组合体中两部分间的表面彼此相交。

在相交处有交线即相贯线，应画出交线。如图 5.4 所示。

5.1 ▶
叠加类及分解

5.2 ▶
切割类及分解

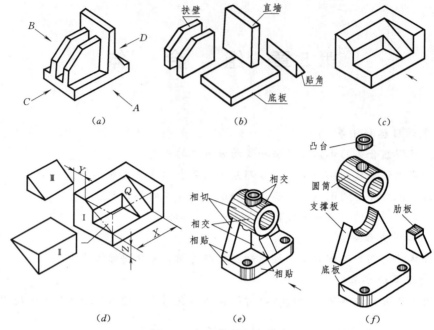

图 5.1　组合体的组合形式

(a) 叠加类；(b) 叠加类分解；(c) 切割类；(d) 切割类分解；(e) 综合类；(f) 综合类分解

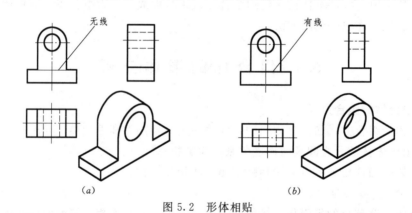

图 5.2　形体相贴

(a) 平齐；(b) 不平齐

5.3 ▶
形体相切

5.4 ▶
形体相交

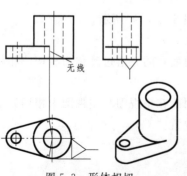

图 5.3　形体相切

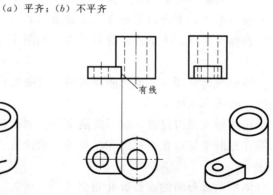

图 5.4　形体相交

5.1.3 形体分析法的概念

形体分析法的实质就是将组合体分解成若干个基本体，从而来分析其组合形式和相对位置关系，以达到化繁为简，化难为易的目的。

如图 5.5（a）为闸室的形体分析。该闸室看起来较复杂，但应用形体分析首先将其分解成四个基本体，从而根据各基本体的相对位置逐个叠加而成，如图 5.5（b）所示。

如图 5.1（c）、（d）所示的组合体则是切割类组合体，它可以设想将基本体通过两次切割而成。

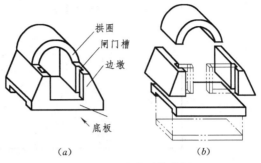

拱圈
闸门槽
边墩

底板

（a）　　　　　　　（b）

图 5.5　闸室的形体分析

5.5

形体分析法

总之，形体分析法可归纳为"分解"和"综合"两步进行。它是画图、看图和标注尺寸的常用方法。

5.2　组合体视图的画法

画组合体视图通常按如下三步骤进行，即形体分析、确定正视图及画图。

5.2.1　形体分析

分析组合体由哪些基本体组成，它们之间的相对设置和组合形式如何，如图 5.5 所示。

5.2.2　确定正视图

确定组合体的安放位置，并选择正视图与其他视图。可将组合体的主要面或主要轴线放成平行或垂直于投影面，并以最能反映组合体形状特征的投影作为正视图，同时还需要考虑其他两个视图上的虚线尽量减少。

5.2.3　画图

1. 选定比例，确定图幅

根据三视图所占面积，考虑标注尺寸的地方，按标准选择适当的比例和图幅。

2. 布置视图的位置

在适当的位置画出各视图的基准线，使各视图的位置在图纸上确定下来。布局应使各视图均匀布局，不能偏向某边；各视图之间要留有适当的空间，以便于标注尺寸。如图 5.6 所示。

3. 画底稿

用形体分析法一个部分一个部分逐个地画，画图时应注意每部分三视图间都必须符合投影规律，注意各部分之间表面连接处的画法。

4. 检查描深

底稿画完后，应对照立体检查各图是否有缺少或多余的图线，然后描深全图。

【例 5.1】　画出图 5.5（a）所示闸室的三视图。

解　（1）形体分析。闸室是叠加类组合体。将闸室分解成如下四个部分：底板、

5.6

挡土墙的三视图

5.7

切割类的三视图

5.8

涵洞的三视图

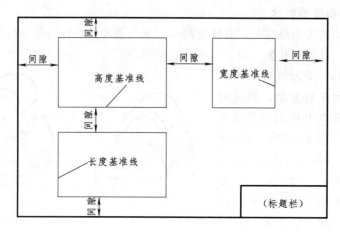

图 5.6 三视图的放置

边墩、闸门槽及拱圈。底板在下，边墩放其两侧面。两表面为相贴放置。

拱圈放在两边墩上，并与其相贴。画图时应注意表面平齐时不应画线。

（2）确定正视图。闸室放置位置是底面水平，并使主要轴线垂直投影面。图 5.5
（a）中箭头所指投影方向能较多地反映轴承座的形状特征及相对位置，选此方向为正
视图的投影方向。

（3）作图。选定比例、确定图幅。布置视图、画出各图基准线，如图 5.7（a）
所示，然后画底稿，先画主要部分，画每一部分应先外后内；最后检查描深。

具体画图步骤如图 5.7（b）～（e）所示。

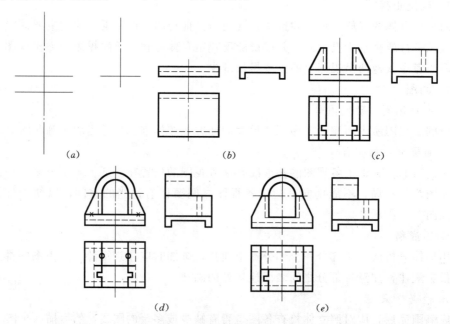

图 5.7 闸室视图的画图步骤

（a）画基准线；（b）画底板三视图；（c）画边墩三视图；（d）画拱圈三视图；（e）检查并描深全图

【例5.2】 画出图5.1（e）所示轴承座的视图。

解 （1）形体分析。轴承座是综合式组合体，可分解成如下五个部分：底板、肋板、支撑板、圆筒和凸台。其连接方式主要有：①相切，支撑板与圆筒；②相交，肋板与圆筒外圆柱面；③相贯，圆筒与凸台相交；④相贴，各部分间表面连接关系。

（2）确定正视图。按箭头所指方向。

（3）作图。按图5.8所示作图。

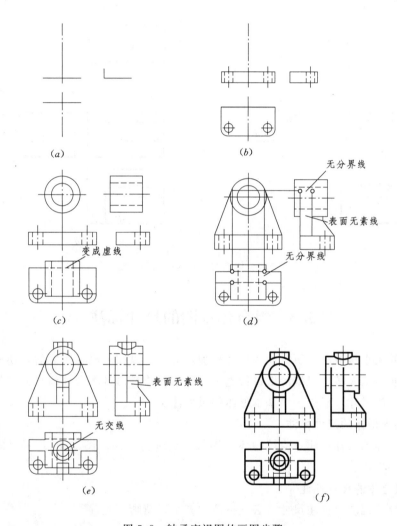

5.9 ▶

例5.2

5.10 ▶

相贯线的画法

5.11 ▶

组合体相贯线和截交线

图5.8 轴承座视图的画图步骤

（a）画各图基准线；（b）画底板三视图；（c）画圆筒三视图；（d）画支撑板三视图；（e）画肋板和凸台三视图；（f）检查并描深全图

【例5.3】 画出图5.1（c）所示切割式组合体三视图。

作图步骤如图5.9（a）～（d）所示。

（1）画外形。画未切长方体的三视图。如图5.9（a）所示。

（2）画侧垂面Q的投影。如图5.9（b）所示。

（3）切去三棱柱。从反映形状特征的左视图开始，如图 5.9（*c*）所示。

（4）检查并描深全图。

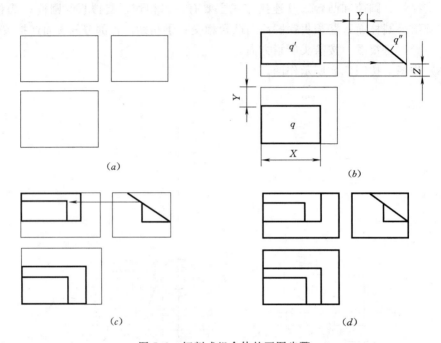

图 5.9　切割式组合体的画图步骤

5.3　组合体视图的尺寸标注

物体的大小是由图上所标注的尺寸来确定的，所以在画出视图之后，还必须标注尺寸，以便施工人员能根据图纸进行施工。因组合体是由基本形体组合而成的，为标注好组合体的尺寸，应先了解基本形体的尺寸注法。

5.3.1　基本形体的尺寸标注

基本形体的尺寸标注，应按物体的形状特点进行标注。图 5.10 是常见的基本形体尺寸标注方法。

5.3.2　组合体的尺寸标注

在组合体视图上标注尺寸，必须标注"齐全、清晰、正确"。

5.3.2.1　尺寸齐全

尺寸齐全就是指所注尺寸能够完全确定物体各组成部分的大小以及它们之间的相互位置关系和组合体的总体大小。因此，标注组合体尺寸时，必须在形体分析的基础上先选择出尺寸基准，然后再标注出定形、定位和总体尺寸。

1. 尺寸基准

标注定位尺寸时，首先要选择出定位尺寸的起点，即尺寸基准。物体的长、宽、高方向上至少各有一个尺寸基准。一般选组合体的对称平面、大的或重要的底面、端

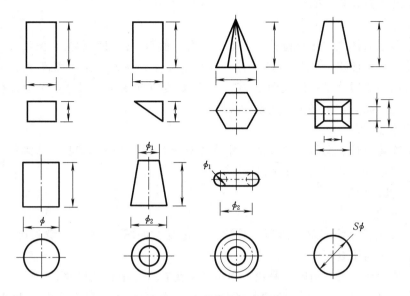

图 5.10 基本形体的尺寸标注

面或回转体的轴线等作为尺寸基准。

工程图中的尺寸基准是根据设计、施工、制造要求确定的。一幅已注好尺寸的视图可用如下方法来判断尺寸基准：视其定位尺寸从哪个部位注出。如图 5.11 所示闸室长、宽、高三个方向的尺寸基准。

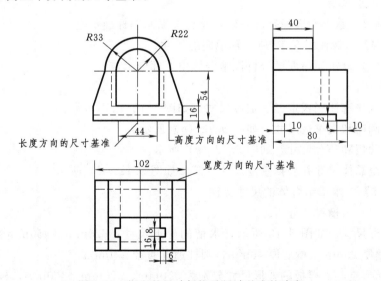

5.12 ▶

闸室的尺寸标注

图 5.11 闸室的尺寸标注及尺寸基准的确定

2. 定形尺寸

确定各基本体形状大小（长、宽、高）的尺寸称为定形尺寸。如图 5.11 中的定形尺寸有：正视图中的 16，俯视图中的 102，左视图中的 80 是底板长、宽、高的尺寸。边墩的定形尺寸为长：(102−44)，(R33−R22)；宽 80(8−5)；高 (54−16)。拱

圈的定形尺寸为 $R33$；$R22$。

3. 定位尺寸

确定各基本体之间相对位置（上下、左右、前后）的尺寸称为定位尺寸。定位尺寸要直接从基准注出。如图 5.11 中定位尺寸有：正视图中决定拱圈高度定位 54，左右位置可由中心线确定；俯视图中 16 为门槽宽度方向的定位尺寸，其他部位由于左右相贴，前后靠齐，不必再标注定位尺寸。

4. 总体尺寸

确定物体总长、总宽、总高的尺寸称为总体尺寸。如图 5.11 中总体尺寸有：总长 102；总宽 80；总高（54＋$R33$）。

5.3.2.2 尺寸清晰

注意事项：

（1）尺寸要标注完整、清晰、易读、不重复。如图 5.11 中边墩长已由（102－44）注出，不需重复标注。

（2）为使所注尺寸清晰、易读，尽可能避免在虚线上标注尺寸。

（3）半径尺寸应注在反映圆弧的视图上，而直径尺寸则应注在反映矩形的视图上。

（4）为方便读图，尺寸最好注在图形之外，并布置在两视图之间。

（5）为便于读图，定形、定位尺寸应尽量集中在一个视图中。

（6）为使图面清晰，图形中的尺寸应小尺寸在内、大尺寸在外。

5.3.2.3 尺寸正确

应做到尺寸数字和选择基准正确，符合国家制图标准规定。

【例 5.4】 标注图 5.12 所示轴承座的尺寸。

解 （1）分析。前面已分析该组合体由五部分组成。

（2）作图。

1）按顺序选注底板定形、定位尺寸。如图 5.12（a）所示。

2）注圆筒和支撑板尺寸。如图 5.12（b）所示。

3）注肋板和凸台尺寸。如图 5.12（c）所示。

4）注全总体尺寸并去掉重复尺寸"8"。如图 5.12（d）所示。

【例 5.5】 水槽组合体的尺寸标注。

解 （1）水槽尺寸分析。

1）定形尺寸。如图 5.13 所示，水槽的外形尺寸：620mm×450mm× 250mm；水槽四周壁厚 25mm，槽底厚 40mm，圆柱通孔直径 $\phi70$mm。

直角梯形空心支撑板的外形尺寸分别为 310mm、550mm、400mm，板厚 50mm，制成空心板后的四条边框宽度，水平方向为 50mm，铅垂方向均为 60mm。

2）定位尺寸。如图 5.13 所示，水槽底的圆柱孔居中布置，因此长、宽方向的尺寸基准在水槽圆柱孔的中心线上，并以中心线为基准，注出两个长度定位尺寸 310mm 和两个宽度定位尺寸为 225mm，并以圆柱孔的中心线为长度尺寸基准注出两支撑板外壁之间的长度定位尺寸 520mm。

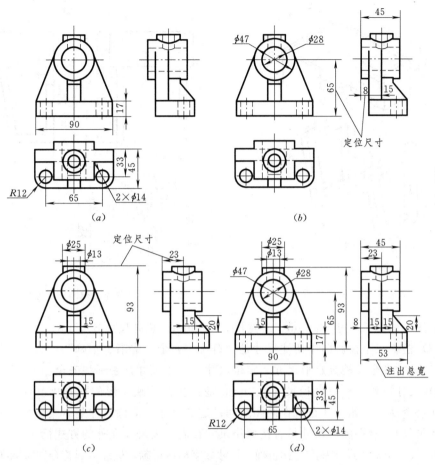

图 5.12 轴承座的尺寸标注

3）总体尺寸。从图 5.13 可看出，水槽的总长尺寸为 620mm，总宽尺寸为 450mm，总高尺寸为 800mm。

（2）水槽组合体尺寸的标注方法和步骤。

如图 5.14 所示为水槽组合体三视图的尺寸注法及步骤。

第一步：标注各基本体的定形尺寸。

1）标注水槽体的外形尺寸长 620mm、宽 450mm、高 250mm。

2）标注水槽体的四周壁厚 25mm、槽底厚 40mm、槽底圆柱孔 ϕ70mm。

3）标注梯形空心支撑板的外形尺寸：310mm、550mm、400mm 和板厚 50mm。

4）标注空心板四条边框宽度的水平方向、铅垂方向尺寸：50mm、60mm。

第二步：标注定位尺寸。

1）以圆柱孔中心线为基准，标注两个长度定位尺寸 310mm 和两个宽度定位尺寸 225mm。

2）同样以圆柱孔中心线为基准，标注两支撑板外壁之间的长度定位尺寸 520mm。

第三步：标注总体尺寸。

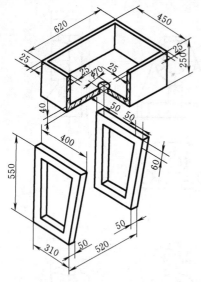

图 5.13 尺寸分析

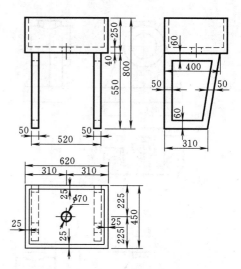

图 5.14 组合体三视图的尺寸标注

标注水槽总长尺寸 620mm、总宽尺寸 450mm、总高尺寸 800mm。

（3）检查三个投影图中所注尺寸是否符合"齐全、清晰、正确"。

1）尺寸齐全。检查定形尺寸、定位尺寸、总体尺寸是否标注齐全。

2）尺寸清晰。检查直径尺寸 $\phi70$mm 是否注在反映实形的视图中。检查所标注的尺寸是否易读（如尺寸布置在两图之间；定形尺寸、定位尺寸是否集中标注；尺寸是否有重复）。检查图形尺寸是否按照小尺寸在内、大尺寸在外的方式标注。

3）尺寸正确。尺寸基准选择正确，尺寸数字标注正确，标注方式符合国家标准规定。

5.4 组合体视图的识读

要能正确迅速地读懂图，一要有扎实的读图基础知识，二要掌握读图的方法，三要通过典型题反复进行读图实践。

5.4.1 读图的基础知识

1. 掌握读图的准则

由于一个视图不能确定组合体的形状，因此看图时应以主视图为中心，将各视图联系起来看，这是读图的准则。

5.13
组合体的识读

5.14
基本体三视图

2. 熟记读图的依据

三视图间的投影规律及基本体三视图的图形特征和各种位置直线、平面的投影特征是读图的依据，只有熟练地掌握它们，才能读懂各类组合体的图形。

3. 弄清图中线和线框所代表的含义

（1）如图 5.15（a）所示，视图中的图线可表示：面与面交线的投影；平面或柱面的积聚投影；曲面轮廓素线的投影。

（2）如图5.15（b）所示，视图中封闭的线框可表示：体的投影；孔洞的投影；面的投影。面可能是平面、曲面，也可能是平面与曲面的结合。

两线框如有公共线，则两个面一定是相交或错开。

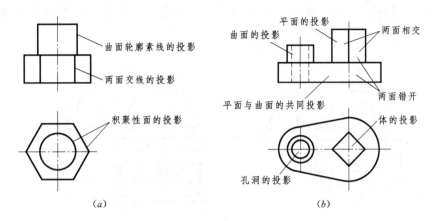

图 5.15 视图中线和框的含义

（a）线的含义；（b）线框的含义

5.4.2 读图的基本方法

读图是画图的反向思维过程，所以读图的方法与画图是相同的。读图的基本方法也是形体分析法，遇难点部分辅以线面分析法。

1. 形体分析法读图

形体分析法读图的要点就是一部分一部分地看，具体读图步骤可分为：

（1）分线框、识视图。分线框就是从一个投影重叠较少、结构关系明显的视图入手，结合其他视图，按线框把视图分解为若干部分。识视图即弄清各视图的观看方向，各视图与空间物体之间的方位关系，从而建立起图物关系，这是整个看图过程中所不能忽视的问题。

（2）对投影、想形状。根据投影规律，逐一找出每个线框在其他视图中的对应投影，然后根据基本体三视图的图形特征，逐一想象出空间形状。

（3）综合起来想整体。判断出各部分的形状之后，再对照视图，按它们的相互位置合在一起，综合想象出整体形状。

总之，形体分析法读图就是逐个分部分读懂后再综合起来想整体。

【例5.6】 根据图5.16所示组合体（涵洞）的三视图，想象其空间形状。

解 （1）分线框、识视图。首先弄清各视图名称、观看方向，建立起物图关系；然后分线框。该物体很显然是叠加体，从左视图入手，结合其他视图可将其分为上、中、下三部分，如图5.16（b）所示。

（2）对投影、想形状。由左视图按投影规律找出各部分在正视图和俯视图上的对应线框。如图5.16（b）所示，下部三线框为两矩形线框对应正视图为一倒写的凹字多边形，空间形状为倒放的凹形柱；中部梯形线框对应正视图也为梯形线框，对应俯视特征图可看出是半四棱台，其内虚线对应三投影可知是在半四棱台中间挖穿一个倒

U 形孔；上部分对应另两视图都是矩形线框，故是直五棱柱，各部分立体形状如图 5.16（c）所示。

（3）综合起来想整体。由正视图可看出，半四棱台，直五棱柱依次在凹形柱之上，且左右位置对称，看俯视图（或左视图）三部分后边均靠齐，整体形状如图 5.16（d）所示。

5.15

例 5.6

5.16

形体分析法
补充题

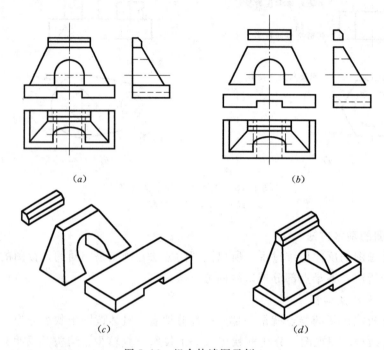

（a）　　　　　　　　　　　　（b）

（c）　　　　　　　　　　　　（d）

图 5.16　组合体读图示例一

2. 线面分析法读图

线面分析读图是以线面为读图单元，其一般不独立应用。当物体上的某部分形状与基本体相差较大，用形体分析法难以判断其形状时，这部分的视图可以采用线面分析法读图。即将这部分视图的线框分解为若干个面，根据投影规律逐一找全各面三投影，然后按平面的投影特征判断各面的形状和空间位置，从而综合得出该部分的空间形状。

5.17

线面分析法

总之，线面分析法读图就是逐个面地看，先分析表面形状再分析其相对位置。

【例 5.7】　根据图 5.17 所示组合体（八字形翼墙）的三视图，想象其空间形状。

解　由左视图可知，该组合体分为上下两部分。

（1）用形体分析法识读下部形状。综观该部分物体的三视图，其正、左视图外形均为矩形，俯视图为梯形，与基本体的视图特征相符，故用形体分析法识读，且不难想象其为一梯形底板，如图 5.17（e）所示。

（2）用线面分析法识读上部形状。该部分物体的三视图与基本体视图的差异很大，只能采用线面分析法识读。

1）分线框。将正视图划分成五个线框，其中 $1'$、$2'$、$3'$ 正视方向可见，$(4')$、$(5')$ 不可见，如图 5.17（a）所示。

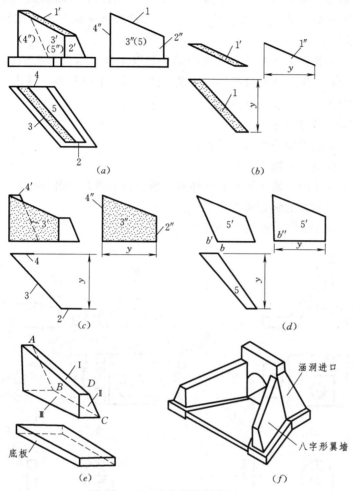

图 5.17 组合体读图示例二

2）对投影、分析表面形状、位置。

$1'$ 的对应投影：1 为四边形，$1''$ 为斜线，故表面 I 为侧垂位置四边形平面，如图 5.17（b）所示。

$2'$ 的对应投影：2 及 $2''$ 均为垂直于 OY 轴的线段，故 II 为正平位置的梯形平面，如图 5.17（c）所示。

$3'$ 的对应投影：3 为斜线、$3''$ 为四边形，故 III 为铅垂位置的梯形平面，如图 5.17（c）所示。

$4'$ 的对应投影：4、$4''$ 均为与 OY 轴垂直的线段，故 IV 为正平位置的梯形平面，如图 5.17（c）所示。

$5'$ 的对应投影：5、$5''$ 均为四边形，故 V 为一般位置的四边形平面，如图 5.17（d）所示。

上部物体的底面与底板顶面重合，故为水平面。

3）组合各面想形体。上部物体由六个平面围成。前后表面为正平位置梯形平面，前小后大；顶面是侧垂位置四边形平面，连接前后两表面；左端面为铅垂位置的梯形平面；右端面为一般位置的四边形平面；底面为梯形水平面。形体的空间形状如图 5.17（e）所示。

（3）综合。将物体上下两部分的读图结果加以综合（本例为叠加），就得出了组合体的总体形状和结构。该组合体为一土建形体，是涵洞进口段（或出口段）的一块八字形翼墙，如图 5.17（f）所示。

3. 检验读图的基本手段

检验人们是否读懂图的手段有两种：

（1）根据二视图补画第三面视图（二补三）。

（2）根据不完整的三视图来构想立体补全所遗漏的线段（补漏线）。

下面举例说明具体的解题步骤及方法。

【例 5.8】　补画图 5.18（a）所示组合体的左视图。

5.19 ▶

例 5.8

5.20 ▶

"二补三"
补充题

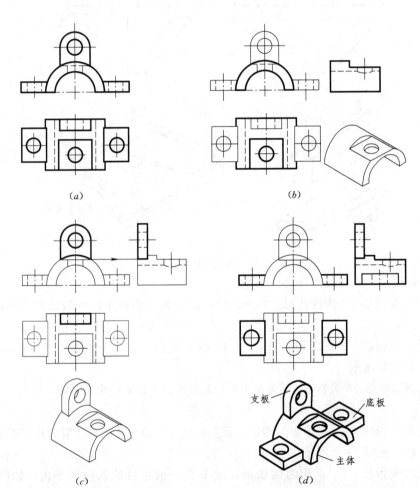

图 5.18　补视图示例

（a）已知；（b）补画半圆及切割处左视图；（c）补画支板的
左视图；（d）补画底板的左视图，加深全图

解 根据图5.18（*a*）所示的两面视图，可看出该组合体是由主体、两底板和支板四部分叠加而成的。运用形体分析法，想象主体的空间形状，原体为半圆筒，上部前面切一缺口并在缺口平面正中上下挖一圆柱通孔，根据想象形体的过程，补画出该部分的左视图，如图5.18（*b*）所示。运用形体分析法，分析支板的空间形状为前后挖一圆柱通孔的U形柱，U形柱在主体之上与主体的叠回方式是相交，补画该部分左视图应注意正确画出相贯线，如图5.18（*c*）所示。同理，运用形体分析法，想象两底板的空间形状，均为带圆柱通孔的长方体，在主体的左右对称分布，相对主体前后居中，所以两底板在左视图中投影重合，补画出该部分在左视图，最后加深全图，如图5.18（*d*）所示。

【例5.9】 补画图5.19（*a*）的左视图。

解 （1）读图。读图步骤如前所述，本例将正视图分解成如图5.19（*a*）所示的1′、2′、3′三个线框，经对投影、想形体、综合得整体形状如图5.19（*f*）所示。

（2）补画左视图。在读懂全图的基础上，运用投影规律逐块补画左视图，分步作图如下：

1）补画Ⅰ的左视图［图5.19（*b*）］。

2）补画Ⅱ的左视图［图5.19（*c*）］。

3）补画Ⅲ的左视图［图5.19（*d*）］。

4）检查、描深。物体Ⅱ、Ⅲ两部分叠加后成为一整体，该范围内Ⅱ的原有分界面已不存在，即图5.19（*d*）中*a″*、*b″*间应无虚线，擦去此线并按规定线型描深其余图线，所补左视图如图5.19（*e*）所示。

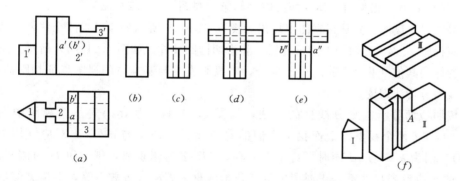

图5.19 形体分析法读图训练——补视图（一）

【例5.10】 补画图5.20（*a*）的左视图。

解 （1）读图。由正视图可知，组合体由上下两部分组成。

1）识读下部形体。正视图和俯视图表明，下部形体系四棱柱被正垂面左上截顶（截断面的正面投影积聚成斜线）和铅垂面左前截角（截断面的水平投影积聚成斜线）所形成。

2）识读上部形状。已知视图表明为一被切四棱柱，前端面为铅垂面，底面部分为水平面、部分为正垂面，与下部形体的顶面重合。

组合体的空间形状如图5.20（*b*）所示。

（2）补视图［图 5.20（c）］。

1）补画下部形体的左视图。按先外形后切割的顺序进行：①补画未切形体四棱柱的左视图；②补画铅垂面Ⅰ的侧面投影 1″，梯形线框；③补画左端面（侧平面）的侧面投影，矩形线框。

2）补画上部形体的左视图。作图顺序与下部形体相同，先画未切四棱柱的左视图，再求出前端面（铅垂面）的侧面投影 3″，应与 3′成类似形（五边形），并去除被切轮廓（图中画"○"者）。

3）分析表面连接关系。物体上下两部分的右端面平齐，连接处无分界线［图5.20（c）中打"×"者］，应擦除。

所补左视图如图 5.20（c）所示。

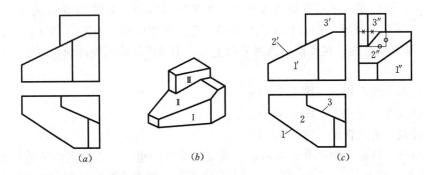

图 5.20　线面分析法读图训练——补视图（二）

【例 5.11】　根据组合体的两视图补画第三视图［图 5.21（a）］。

解　（1）读图。先从正视图中划出如图 5.21（a）所示的 1′、2′两个线框，找出其对应投影 1、2，可知：Ⅰ为长方板；Ⅱ为切槽四棱柱，如图 5.21（b）所示。

物体的其他（Ⅱ之左及之后）部分，对投影发现与基本体的视图特征相距甚远，故用线面分析法识读。

按照线面分析法划分线框的方法，如图 5.21（c）所示，先从俯视图中划出 $abcd$ 和 $abef$ 两个线框，继而找出它们的对应投影。$abcd$ 与 $a'b'c'd'$ 对应（均为类似形），因为 $a'd'$ 与 ad 同时平行于 OX 轴，AD 必为侧垂线，则 $ABCD$ 为侧垂面。$abef$ 的对应投影显然不是正视图中的三角形线框 $e'f'g'$（边数不等，不是类似形），因此只能是斜线 $e'(b')$ $f'(a')$，由此可知其为一四边形正垂面。最后将正视图中尚未分析的线框 $e'f'g'$ 画出来对投影，它与俯视图中斜线 $ef(g)$ 对应，说明其为三角形铅垂面。以上读图结果如图 5.21（d）所示。

综合以上两方面读图所得，可知物体的总体形状如图 5.21（f）所示：长方体底板Ⅰ在下，其上偏后竖立切槽四棱柱Ⅱ，Ⅰ、Ⅱ两部分右端平齐；Ⅱ之左，前表面 EFC 从右前斜向左后，顶面 $ABEF$ 由右上斜向左下，后表面 $ABCD$ 自前向后倾斜，Ⅱ的右端面随之向后扩展成直角梯形。

（2）补视图。

1）补画Ⅰ、Ⅱ两部分的左视图。

2）补画平面 *EFC*、*ABEF*、*ABCD* 的侧面投影。

所补画左视图如图 5.21（*e*）所示。

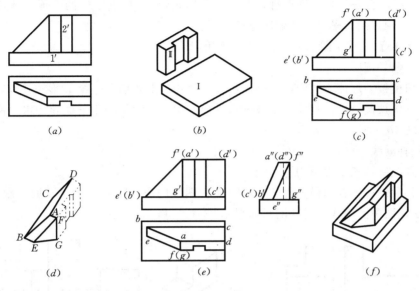

图 5.21 线面分析法读图训练——补视图（三）

【例 5.12】 补全图 5.22（*a*）中漏缺的图线。

解 （1）读图。

1）识读未切形体。将正视图左右缺角补齐（图中以双点划线表示），以此与反映形状特征的左视图对照阅读，可知物体被切前为一个 L 形棱柱体，前部居中开矩形槽。

2）分析被截情况。物体左右各被一正垂面（正面投影积聚为斜线）切角。被截后组合体的空间形状如图 5.22（*b*）所示。

5.21 ▶

例 5.12

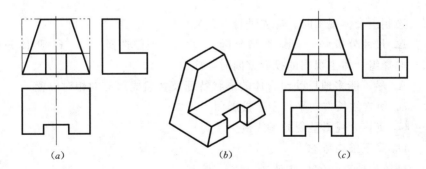

图 5.22 读图训练——补漏线（一）

（2）补漏线。

1）查漏线。对于此类切割式组合体，查漏线的重点是查物体表面的投影，特别是切割后所形成和残存的表面，如本例中物体的左右端面及顶面。通过检查可以发现，它们的水平投影漏线甚多。至于矩形槽，则是漏画了后表面的侧面投影。

95

2）补漏线：①补画物体顶面的水平投影，因其是水平面，水平投影反映真形（矩形线框），其长、宽尺寸分别由正面投影和侧面投影得到；②补画物体左、右端面的 H 面投影，它是与侧面投影对应的类似形（L 形），根据已知的正面，侧面投影，求平面六个顶点的水平投影并顺序连接即得。

【例 5.13】 补全图 5.23（a）中漏缺的图线。

解 （1）读图。

1）识读被切形体为两四棱柱叠加而成。该物体被切前为一个 L 形棱柱体。

2）分析被截情况。物体左边被一铅垂面所切，右边被一正平面和一水平面所切，如图 5.23（b）所示。

（2）补漏线。

1）查漏线：三个视图均有漏线。

2）补漏线：①补画铅垂面正、俯、左视图中的漏线；②补画正平面与水平面的交线在正视图中的漏线，所补漏线如图 5.23（c）所示。

5.22

例 5.13

5.23

补漏线补充题

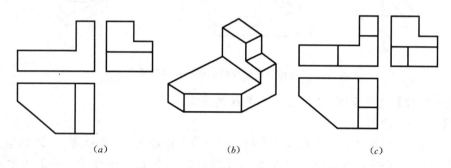

（a）　　　　　　（b）　　　　　　（c）

图 5.23　读图训练——补漏线（二）

复习思考题

5.24

补画四棱锥的视图

5.1　绘制组合体视图时，应先进行（　　）。

　　A. 尺寸分析　　　B. 线型分析　　　C. 视图选择　　　D. 形体分析

5.2　选择组合体主视图的投影方向时，应（　　）。

　　A. 尽可能多地反映组合体的形状特征及各组成部分的相对位置

　　B. 使它的长方向平行于正投影面

　　C. 使其他视图呈现的虚线最少

　　D. 前三条均考虑

5.25

补画四棱锥的俯视图

5.3　柱体需要标注的尺寸是（　　）。

　　A. 两个底面形状尺寸和两底面间的距离　　　B. 所有线段的定形尺寸

　　C. 一个底面形状尺寸和两底面间距离　　　D. 底面形状尺寸

5.4　台体需要标注的尺寸是（　　）。

　　A. 两个底面形状尺寸和两底面间的距离　　　B. 所有线段的定形尺寸

　　C. 一个底面形状尺寸和两底面间距离　　　D. 底面形状尺寸

5.26

组合相贯线

5.5 切割体需要标注的尺寸（ ）。

    A. 原体尺寸和截平面的形状尺寸

    B. 原体尺寸和截平面的位置尺寸

    C. 原体尺寸和截平面的形状与位置尺寸

    D. 所有线的定形尺寸及定位尺寸

5.6 大半圆直径尺寸数字前应标注的符号是（ ）。

    A. ϕ B. R C. $S\phi$ D. SR

5.7 大半圆柱应标注的尺寸是（ ）。

    A. 2个   B. 3个   C. 4个   D. 5个

5.8 凹形柱应标注的尺寸是（ ）。

    A. 4个   B. 5个   C. 6个   D. 7个

5.9 阅读组合体三视图，首先应使用的读图方法是（ ）。

    A. 线面分析法   B. 形体分析法

    C. 综合分析法   D. 线型分析法

5.10 阅读组合体视图中形体较复杂的细部结构时，要进行（ ）。

    A. 形体分析   B. 线面分析   C. 投影选择   D. 尺寸分析

第6章 工程形体表达方法

1. 教学目标和任务

(1) 掌握各种视图的概念、标注规定及绘制方法。

(2) 掌握剖视图的概念、分类及绘制方法。

(3) 掌握断面图的概念、分类及绘制方法。

(4) 掌握工程形体图样的识读方法及绘制方法。

2. 教学重点和难点

(1) 教学重点：视图、剖视图、断面图的概念、分类、标注及绘制方法。

(2) 教学难点：运用视图、剖视图及断面图表达工程形体的内、外部结构。

3. 岗课赛证要求

工程形体的表达方法——视图、剖视图、断面图，是识读、绘制专业图的的必备知识。

在生产实践中，工程建筑物的内外形状复杂多样，仅用三视图表达往往是不够的。为了更加准确、清楚、完整地表达它们的内外形状，常用视图、剖视图以及剖面图等来表达。本章将详细介绍这些表达方法的形成以及应用。

6.1 视 图

物体向投影面投影所得到的图形统称视图。视图一般情况下只表达物体的可见部分，必要时，才用虚线画出不可见部分。工程图上常用的视图有：基本视图、向视图、局部视图以及斜视图等。

6.1.1 基本视图

1. 六面基本视图的形成及名称

国标中规定用正六面体的六个面作为基本投影面（即在 H、V、W 的基础上对称的增加三个），将物体放在其中，物体保持不动，分别向六个基本投影面投影，如图 6.1 (a) 所示，即得到如下的六面基本视图。

(1) 正视图——由前向后投影所得到的视图。

(2) 俯视图——由上向下投影所得到的视图。

(3) 左视图——由左向右投影所得到的视图。

(4) 右视图——从右向左投影所得到的视图。

(5) 仰视图——从下向上投影所得到的视图。

(6) 后视图——从后向前投影所得到的视图。

在工程图中，俯视图也称平面图；正视图、后视图、左视图、右视图也称立面图

6.1 ▶

六面基本视图

或立视图。这可以看出，基本视图包含了三视图。

2. 六面基本视图的配置关系

为了使六面基本视图位于同一个平面上，国标中规定，将六个基本投影面按图 6.1（a）中的箭头所示方向展开在同一个平面上。

六面基本投影面展开后，六面基本视图的配置关系就确定了，如图 6.1（b）所示。采用此种配置时，一律不标注视图的名称。

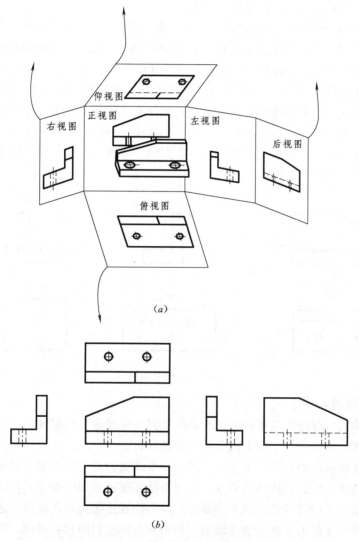

（a）

（b）

图 6.1 六面基本视图

3. 投影规律及位置对应关系

六面基本视图是三视图的发展与完善。因此，三视图的投影规律仍适应于六面基本视图，即正、俯、仰、后长对正；正、左、右、后高平齐；俯、左、仰、右宽相等。

六面基本视图的位置对应关系：除后视图外，其余视图以正视图为中心，靠近正视图的是物体的后方，远离正视图的是物体的前方，即"近后远外"，并且应注意：正、后视

6.2 ▶

位置对应关系

99

图上、下位置关系一致，而左、右位置关系相反；俯、仰视图左、右位置关系一致，而前、后位置关系相反；左、右视图上、下位置关系一致，而前、后位置关系相反。

4. 基本视图的应用

在实际画图时，一般不会用六个基本视图来表达一个物体的外形，而是根据其外形的特点和复杂程度，相应地选择若干个基本视图来表达。并且，一般情况下都应该选择正视图。

6.1.2 向视图

不按投影关系来配置的视图称为向视图。

一般情况下，基本视图会按照图 6.1（b）来配置。但由于受图纸大小或布图等的影响，需要调整某些基本视图的配置关系，这些调整了配置关系的视图称为向视图。

为了区分基本视图和向视图，向视图必须标注。标注方法为：在向视图的正上方用大写字母水平书写"×向"，并用箭头和相同大写字母在相应视图旁指明其投影方向。如图 6.2 所示，先根据每个视图的正上方有无"×向"标注，得出该图是由三个基本视图和三个向视图（A 向、B 向、C 向）组成。根据三个基本视图的配置关系得出分别为正视图、俯视图和左视图；根据箭头和字母确认，A 向视图即仰视图，B 向视图即右视图，C 向视图即后视图。

6.3 向视图

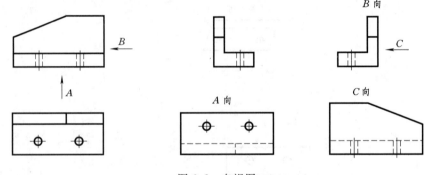

图 6.2 向视图

6.1.3 局部视图

将物体的某一部分向基本投影面投影所得到的视图称为局部视图。局部视图一般用来表达物体上某些平行于基本投影面部分的形状。

如图 6.3 所示，物体为一集水井，是由一个圆筒、左上方的进水口和右下方的出水口三部分组成。根据该物体的特点，已经选择了正视图和俯视图。用这些基本视图已经清楚地表达了圆筒的形状以及三部分之间的位置连接关系，而对于进水口和出水口这两部分的形状尚未清晰地表达出来。如果再选择左视图和右视图，则大部分投影（圆筒的投影）重复。因此，可沿着箭头 A 所指方向向右侧面投影，仅仅画出局部的左视图以表达进水口部分的形状；沿着箭头 B 所指方向向左侧面投影，仅仅画出局部的右视图以表达出水口部分的形状。这样集水井就清晰简单地表达出来了。

6.4 局部视图

可以看出，局部视图不仅减少了画图的工作量，而且重点突出、方法灵活。局部视图是基本视图的一部分，所以它必须依附于一个基本视图，不能独立存在。

画局部视图时应注意以下几点：

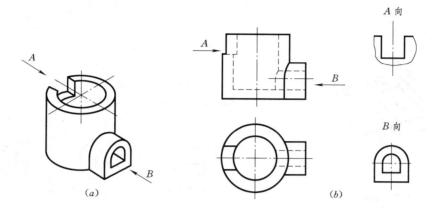

图 6.3　局部视图

（1）局部视图只画出需要表达的物体某一部分的形状，其范围根据需要自行确定。

（2）局部视图的断裂边界一般用波浪线表示，如图 6.3 中的 A 向局部视图；当所表达的局部结构是完整的，且外形轮廓又成封闭线框时，则波浪线省略不画，如图 6.3 中的 B 向局部视图。应该注意波浪线是物体断裂痕迹的表示，必须画在物体的实体部分上。

（3）必须用带大写字母的箭头在基本视图上指明需投影的部位及方向，并在相应的局部视图的正上方用相同的字母水平书写"×向"。

（4）局部视图应尽量配置在箭头所指的方向，并与相应的基本视图保持投影关系，如图 6.3 中的 A 向局部视图；由于布图等原因，允许把局部视图配置在图幅的其他适当位置，如图 6.3 中的 B 向局部视图。

6.1.4　斜视图

将物体的某一部分向不平行于基本投影面的平面投影所得到的视图称为斜视图。斜视图一般用来表达物体上某些倾斜于基本投影面部分的真实形状。

如图 6.4（a）所示物体，由平行于水平投影面和倾斜于基本投影面的两部分组成。根据该物体的特点，已经选择了正视图和局部视图来分别表达物体两部分的位置连接关系以及一部分的真实形状。对于物体上的倾斜部分，由于在基本视图上无法反映其真实形状，为了反映实形，可以选择一个与倾斜部分平行的辅助投影面，将其投影在该辅助投影面上，就得到了如图 6.4（b）中的 A 向斜视图。

6.5 ▶
斜视图

可以看出，斜视图不仅减少了画图的工作量，降低了画图的难度，同时，给读图带来很大的方便。但由于斜视图一般是表达物体倾斜部分的形状，所以它必须依附于一个基本视图，不能独立存在。

画斜视图还应注意以下几点：

（1）斜视图只要求画出倾斜部分的真实形状，其余部分不必画出而以波浪线断开，波浪线画法与局部视图相同。

（2）斜视图必须进行标注，标注的方法与局部视图相同。应该特别注意，箭头必须垂直于物体的倾斜部分。

6.6 ▶
视图例题

（3）斜视图应尽量按投影关系配置，必要时也可以配置在其他适当的位置。在不

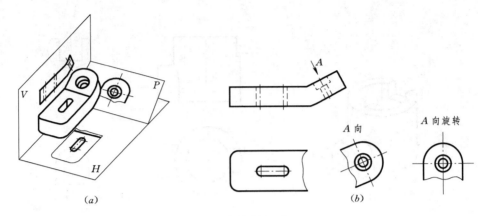

图 6.4 斜视图

致引起误解时，允许将图形转正，使图形的主要轮廓线（或中心线）成水平或铅垂位置以便于画图。经过旋转的斜视图，必须在其正上方水平书写"×向旋转"或"×向旋转"以便于读图，如图 6.4（b）所示。

6.2 剖 视 图

前面介绍了几种常用的视图，它是着重表现物体的可见部分的一种表达方法。而当物体的内部结构比较复杂且层次较多时，如果仍然用视图来表达，那么必然会出现很多虚线，严重影响了图形的清晰，给读图、画图以及尺寸标注带来诸多不便。为此，制图标准中规定了表达物体内部结构的方法——剖视图。

6.2.1 剖视图的概念

1. 剖视图的形成

假想用剖切平面剖开物体，将处在观察者和剖切平面之间的部分移去，而将其余的部分向投影面投影所得到的图形，称为剖视图。

如图 6.5（a）所示，物体上的内部结构为两个孔，左方的通孔和右方的阶梯孔。两个孔的轴线皆为铅垂方向（即内部结构在正、左视图上不可见），并且前后一致，形成剖视图的步骤如下：

6.7 ▶
剖视图的形成

（1）选择一个假想的剖切平面 P，让 P 平行于正立投影面同时通过孔的轴线，将物体剖开。

（2）将剖切平面之前的部分（即阻挡观察内部结构的部分）移走。

（3）将剩余部分向正立投影面投影。

（4）在剖切时产生的剖面部分处画上相应的剖面符号。

这样，就逐步形成了物体的剖视图。

显然，剖视图是由剖面部分、剖面之后的部分以及剖面符号组成。剖面符号不仅仅区分出了物体的剖面部分和剖面之后的部分，而且表明了物体所使用的建筑材料。对于不同的建筑材料，国家标准中规定了相应的图例，详见表 6.1。

表 6.1 　　　　　　　　　　　　　建 筑 材 料 图 例

金属材料（已有规定剖面符号者除外）		混凝土	
非金属材料（已有规定剖面符号者除外）		钢筋混凝土	
线圈绕组元件		砖	
木材	纵向	基础周围的泥土	
	横向		
型砂、填砂、粉末冶金、陶瓷刀片、硬质合金处等		木质胶合板	
玻璃等透明材料		液体	

2. 剖视图的标注

剖视图是一种特殊的表达方法，为了便于读者辨认视图与剖面图之间的投影关系，国家标准规定，剖面图一般应加以标注。标注的内容包括剖切位置线、投影方向和剖面图的名称，如图 6.5（b）所示。

（1）剖切位置线。表示剖切平面的位置，在剖切平面的起止处各画一条短粗实线，其长度为 5～10mm。该粗实线应该靠近图形轮廓，但不能与图形的轮廓线相交或重合。

（2）投影方向。在剖切位置线的两端，画两条与之垂直的细实线，其长度为 4～6mm，细实线尾端加箭头，来表示剖切后的投影方向。

（3）剖视图的名称。在剖切位置线和箭头的外侧，用相同的阿拉伯数字或大写字母水平注写剖视图的名称，并在相应剖视图的正上方，用"×—×"标注出对应的图名。如在同一张图纸上有几个剖视图时，应该用不同的数字或字母标注，不得重复使用。

6.8 ▶

尺寸标注

6.9 ▶

省略标注

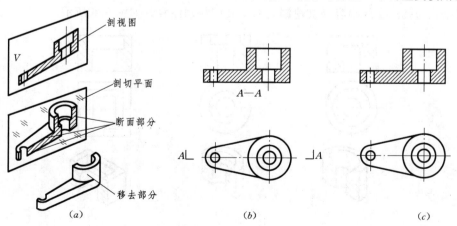

图 6.5　剖视图的形成与标注

特殊情况下，可以简化或省略剖视图的标注：①当剖视图按投影关系配置且中间无其他图形隔开时，可省略箭头；②满足①的前提下，若同时剖切平面又与物体的对称面（或基本对称面）重合，则可省略标注，如图 6.5（c）所示。

3. 剖视图的画图步骤

当物体的内部结构较复杂时，应用剖视图来表达其内部结构，步骤如下：

6.10 ▶
剖视图的
画图步骤

（1）选择适当的剖切位置。画剖视图，首先应考虑在什么位置、怎么剖开物体。为了能准确地反映出物体内部孔、槽等结构的真实形状，且又不增加新的线条，一般选择剖切平面与基本投影面平行并尽量通过孔、槽等结构的对称平面或轴线，图 6.5（a）中剖切平面就通过两个孔的轴线并且平行于正立投影面。

（2）画剖视图。物体是假想被剖开的，因此应想象出物体上哪一些内部结构经过剖切变为可见，而物体的哪一些部分被移走使其上轮廓线也消失；然后将剖切平面切到的剖面部分和剖切平面之后可见部分按投影原理画出即可。图 6.5（a）中，两个孔剖切后变为可见，而底板和圆筒的相切交线被移走，因而在剖视图上无此轮廓线。

（3）画建筑材料图例·（剖面符号）。在物体的剖面部分画出对应的建筑材料图例，这样就可以轻松的区分出实体和空心部分，便于读图。图 6.5（b）中，有剖面符号的部分是实体即剖面，处在同一个正平面上，其余部分是空心即物体的内部结构，处在正平面之后。根据正视图、俯视图，很容易想象出该物体的内、外形状以及远近的层次。

（4）进行必要的标注。

4. 画剖视图应注意的问题

6.11 ▶
剖切的假想性

（1）剖切的假想性。剖切是一种假想，绝不是真的把物体切开了，也没有真的把一部分移走。所以，当一个图形采用剖视图后（图 6.5 中的正视图），其他图形仍应完整画出（图 6.5 中的俯视图）。

（2）合理地省略虚线。采用剖视图后，为了使图形简明清晰，在其他视图上已经表达清楚的而在剖视图上不可见的虚线一般省略不画，如图 6.5（c）中剖面之后的圆筒和底板上表面的交线，在俯视图上已反映出其真实形状，故在剖视图上的虚线可省略。

（3）剖视图中要防止漏线。画剖视图时，剖切平面之后的可见轮廓线必须画出，尤其是孔与孔的交线很容易被遗漏，初学者应特别注意，如图 6.6 所示。

6.12 ▶
剖视图
中防漏线

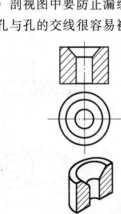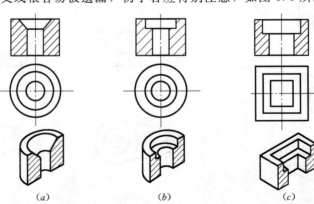

（a）　　　　　　　（b）　　　　　　　（c）

图 6.6　剖视图中容易漏画的图线

（4）剖面线的方向。金属材料的剖面符号习惯上称剖面线，是与水平线成 45°的间隔相等、方向相同的细实线。应该特别注意，同一物体的不同视图上的剖面线的方向和间隔必须一致，如图 6.7 所示。

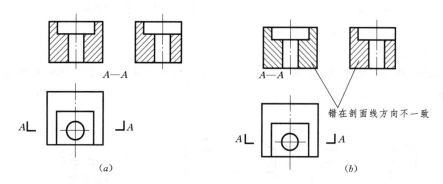

错在剖面线方向不一致

图 6.7　同一部件各剖视图剖面线的画法

（5）剖视图与剖切平面的位置。剖视图是被剖切平面剖开后投影得到的，因此，在剖视图上只能反映出剖切平面与物体相交而产生的剖面以及剖面之后部分的形状，而无法反映出剖切平面与物体之间的相对位置关系。剖切平面的位置只能在其积聚性投影的视图上反映出来。如图 6.5（b）所示，正视图取剖视，只能在剖切平面（正平面）积聚的俯视图或左视图上表示出其与物体的相对位置。

6.13

剖面线的方向

6.2.2　剖切平面与剖切方法

由于物体内部形状的复杂多样性，就需要用不同数量、不同相对位置关系的剖切平面来剖开物体，因而得到不同的剖切方法，如图 6.8 所示，现分别介绍如下。

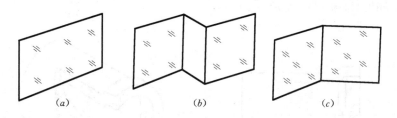

图 6.8　剖切平面的种类

（a）单一剖切面；（b）几个平行的剖切面；（c）两个相交的剖切面

1. 单一剖切面

用一个平行于基本投影面的剖切平面把物体剖开的方法，称为单一剖。

2. 几个平行的剖切面

用两个或两个以上相互平行且平行于一个基本投影面的剖切平面剖开物体的方法，称为阶梯剖。

3. 两个相交的剖切面

用两个相交的剖切平面剖开物体的方法，称为旋转剖。

6.2.3　剖视图的种类

物体不仅需要用不同的剖切方法剖切其内部结构，还需根据其内部、外部结构的不同特点来选择相应的剖切范围。根据物体上剖切范围的大小，可将剖视图分为三类，即全剖视图、半剖视图和局部剖视图。

1. 全剖视图

用一个或几个剖切平面完全地剖开物体所得到的剖面图统称为全剖视图。它通常包括单一全剖视图、阶梯剖视图和旋转剖视图。

2. 半剖视图

当物体具有对称平面时，用单一剖切平面以对称平面为界把物体对称的一半剖开，而另一半不剖向投影面投影所得到的剖视图称半剖视图，如图 6.9 所示。

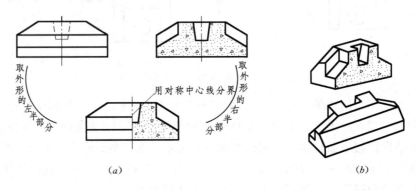

图 6.9　半剖视图的形成

3. 局部剖视图

用单一剖切平面把物体的局部（而非整体或对称的一半）剖开所得到的剖视图称为局部剖视图，如图 6.10 所示。

6.14 ▶

全剖视图
一踏步

6.15 ▶

全剖视图
一闸室

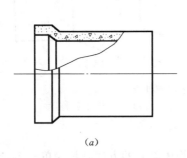

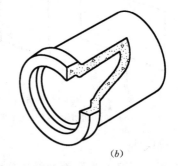

（a）　　　　　　　　　　　　　　（b）

图 6.10　局部剖视图

6.2.4　几种常用的剖视图

1. 单一全剖视图（全剖视图）

用一个平行于基本投影面的剖切平面把物体完全剖开后进行投影所得到的剖视图称为单一全剖视图，简称全剖视图。如图 6.5 所示。

全剖视图一般适用于外形比较简单，而内部结构比较复杂的物体。全剖视图的标注方法及省略条件与前述"剖视图的标注"相同。

2. 半剖视图

前面已经说明了半剖视图的概念。可以看出，半剖视图是在物体形状对称的视图上，以对称线为界，一边画成全剖视图的一半来表达物体相应的内部结构，另一边画成视图的一半来表达物体上的外部结构的形状，这样的组合图形集剖视与视图为一图，能够减少画图者的工作量。如图 6.9 所示混凝土杯形基础，由于它的外部结构形状和内部结构形状都需要在正视图上表达，因而正视图不适合选用全剖视图。分析此物体可以看出，它的内、外结构在正视图上同时关于同一个左右对称面对称，因此正视图适合选用半剖视图来同时反映出物体的内、外结构特征。其画法如图 6.9（a）所示。

对于物体基本对称，而内、外都需要表达清楚时，如图 6.11 所示物体，若不对称部分在其他视图（俯视图）上已经表达清楚，则正视图也可以画成半剖视图。

6.16

半剖视图

6.17

半剖视图
—墩帽

6.18

半剖视图
—行车板道

6.19

半剖视图
—箱体

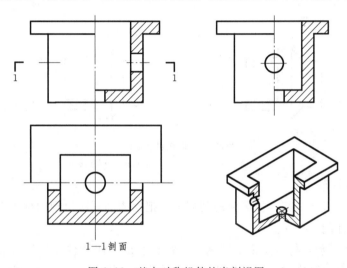

1—1剖面

图 6.11　基本对称机件的半剖视图

画半剖视图时应注意：

（1）半剖视图中，半个剖视图和半个视图之间的分界线应是细点划线，一定不能画成粗实线。

（2）由于半剖视图图形对称，所以处在半个视图中的已经在半个剖视图中侧重表达的内部形状的虚线，应该省略不画。

（3）半剖视图中，一般将半个剖视图画在对称线的右边或下边。

半剖视图的标注方法和全剖视图的标注方法相同，如图 6.9 所示。

3. 局部剖视图

用一个平行于基本投影面的剖切平面把物体局部地剖开所得到的剖视图，称为局部剖视图，如图 6.10 所示。

与半剖视图相同的是，局部剖视图既表达外形，又反映内部结构，但是局部剖视图不受物体是否对称的限制，剖切范围的大小也可以根据实际需要来定，表达物体更加灵活。如果运用得当，可使图形简明清晰；但若剖切太零碎，则给读图增加困难，选用时应侧重考虑读图方便。

6.20

局部剖视图

画局部剖视图时应注意：

（1）局部剖视图的剖切范围应用波浪线来表示，一般不加标注。

（2）波浪线不能与图形上的轮廓线重合。

（3）波浪线可以看成是物体的断裂痕迹的投影，因此波浪线必须画在物体的实体部分，一定不能穿孔而过，更不能超出物体图形轮廓线之外，如图 6.12 所示。

6.21 ▶

局部剖
视图 1

6.22 ▶

局部剖
视图 2

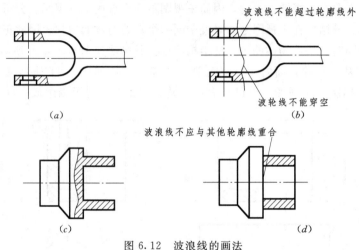

图 6.12　波浪线的画法

（a）正确；（b）错误；（c）正确；（d）错误

4. 阶梯剖视图

用几个平行于某一基本投影面的剖切平面把物体剖开所得到的剖视图称为阶梯剖视图，简称阶梯剖。

如图 6.13 所示，物体是由上下两个四棱柱组成，四棱柱左边后方有一通孔，四棱柱右边中间有一阶梯方孔，并且两个孔的轴线都是铅垂方向，因此应该选择在正视图上用剖视图来表达其内部结构，用俯视图反映四棱柱的实形和孔的形状和位置。因为两个孔的轴线不处在同一个正平面上，因此无法用一个剖切平面同时把这些孔都剖开。为了使这两个孔的轮廓线同时在正视图可见，假想用两个互相平行的剖切平面（并且是正平面）分别通过需表达的两个孔的轴线进行剖切，然后在正视图的位置画出其剖视图，如图 6.13 所示。

6.23 ▶

阶梯剖视图

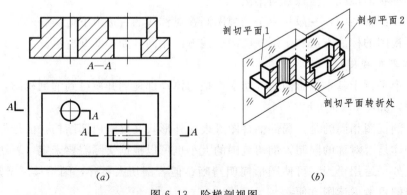

图 6.13　阶梯剖视图

画阶梯剖视图应该注意：

（1）物体用阶梯剖表达时，因为剖切是假想的，因此剖切后得到的阶梯剖视图中一定不能画出剖切平面转折处的分界线，如图6.13（b）所示。

（2）阶梯剖视图必须加以标注。标注的方法是：在剖切平面的起、止处和转折处画上剖切位置符号，注上相同的大写字母或数字；并在起、止处垂直画上投影方向符号（若剖面图按投影关系配置，且中间无其他图形隔开时，此项可省略），然后在相应的阶梯剖视图的正上方用相同字母或数字水平标注"×—×"，如图6.13（b）所示。

阶梯剖视图不仅可以表达物体的内部结构，在工程图样中，还可以用一个阶梯剖反映物体上不同方位部分的结构形状。如图6.14（a）所示，是消力池和渠道相连部分的视图表达，是由全剖正视图、俯视图和阶梯剖左视图组成。全剖正视图清楚地反映出了消力池和渠道底板的轮廓和各自采用的建筑材料；俯视图表达出了平面布置情况；而两部分的形状特征显然只能在左、右视图上反映出来；又因为消力池和渠道为左右方位且前后对称，为了减少画图工作量，用两个平行的剖切平面（侧平面）分别剖切这两部分的一半，然后向侧立投影面投影得到阶梯剖左视图。这样一来，消力池和渠道的形状特征和建筑材料同时在一个阶梯剖的左视图上都反映出来了。

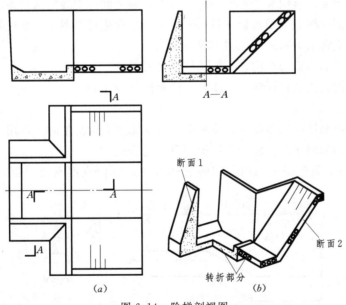

6.24 ▶

消力池和渠道相连部分的剖视图

图6.14　阶梯剖视图

5. 旋转剖视图

用交线必须垂直于某一个基本投影面的两个相交的剖切平面将物体剖开，所得到的视图称旋转剖视图，简称旋转剖。

如图6.15（a）所示，物体上有三个不同的孔，中间孔的右边有一槽。因三个孔的轴线都是正垂方向且上下排列，因此选择在左视图用剖视图来反映其内部结构；因为三个孔的轴线不处在同一个侧平面上，因此无法用一个剖切平面同时把这些孔都剖开。为了使这三个孔和槽的轮廓线同时在左视图可见，假想用两个相交的剖切平面，并且交线处在中间圆孔的轴线位置上，分别通过需表达的三个孔的轴线进行剖切；然后将正垂面所切出的剖面形状，绕其交线旋转到与另一个剖切平面（侧平面）处在同一平面以后，再向侧立投影面投影得出的剖视图即为旋转剖视图，如图 6.15 （b）所示。

6.25 ▶

旋转剖视图

6.26 ▶

旋转剖视图
—回转体

6.27 ▶

旋转剖视图
—检查井

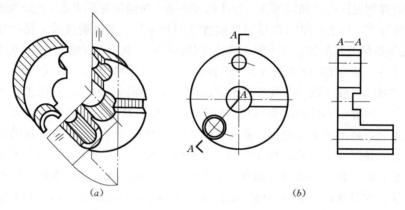

(a)　　　　　　　　　　　(b)

图 6.15　旋转剖视图

画旋转剖视图应注意：

（1）旋转剖必须有明显的旋转中心，且剖切面之间的交线应通过该中心。

（2）旋转剖应按先剖切再旋转最后再投影的过程进行作图，因此旋转剖面图只能与假想已经被旋转后的物体保证"三等关系"。

（3）剖切平面后面的结构，一般仍按原位置投影。

（4）旋转剖必须加以标注，标注的方法和阶梯剖相同。

6. 复合剖视图

当物体的内部结构较多，用以前的剖视图都无法表达清楚时，可用几个剖切平面剖开物体所得到的剖视图称复合剖视图，简称复合剖。

图 6.16 所示为混凝土坝内廊道的表达方法，其俯视图是复合剖，选用了图示

6.28 ▶

复合剖视图

6.29 ▶

复合剖视图
画法

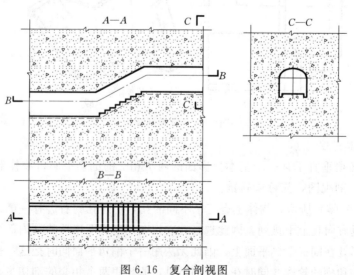

图 6.16　复合剖视图

110

中的三个剖切平面将物体剖开而得。对于中间正垂面剖切的部分，也可以用展开画法来表达。

复合剖必须加以标注，标注的方法和阶梯剖、旋转剖相同。当采用展开画法时，还应在相应复合剖的正上方水平书写"×—×展开"。

6.3　剖　面　图

6.3.1　剖面图的概念与分类

假想用剖切平面将物体在某处切断，仅画出该剖面部分的图形和材料图例，这样的图形称为剖面图，简称剖面，如图 6.17 所示。

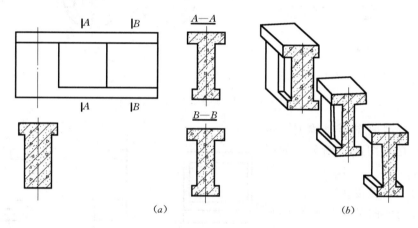

图 6.17　剖面图

剖面图主要是为了清晰明了地表达物体上某些部分的纵剖面的形状，因此，剖切平面一般选择在与物体上的主要轮廓线垂直的位置。一般情况下，剖面图适用于表达物体上的肋板，轮辐，轴类零件上的键槽和孔以及杆状类的零件。

不难看出，剖面图一般是不包括剖切平面之后的轮廓线的，这是它与剖视图最大的不同点。同时，它不能独立存在，必须依附于一个基本视图。

根据剖面图画在图上的位置，可以分成移出剖面和重合剖面两种。

6.3.2　移出剖面图的画法与标注

画在基本视图轮廓线之外的剖面图，称为移出剖面图，简称移出剖面。它们的轮廓线用粗实线绘制，如图 6.17（b）所示。

1. 移出剖面画法的特殊规定

（1）当剖切平面通过物体上的孔、凹坑等回转部分的轴线剖切时，此回转部分应按剖视绘制，即对于回转部分应绘制其剖面之后的轮廓线，如图 6.18 所示。

（2）当剖切平面通过物体上的非回转部分，如果出现完全分离的两部分剖面时，则此部分也应按剖视绘制，如图 6.19 所示。

（3）由两个或多个相交的剖切平面剖切得出的移出剖面，中间一般应断开，如图 6.20 所示。

6.30 ▶

移出剖面图

6.31 ▶

移出剖面画法的特殊规定（1）

111

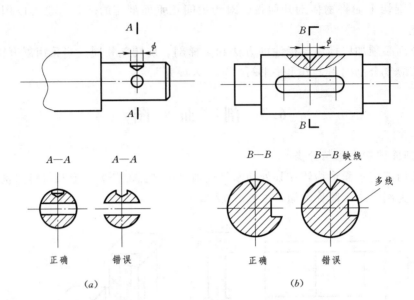

图6.18 移出剖面画法的特殊规定（一）

（4）当剖面图形对称时，也可将其画在视图的中断处，如图6.21所示。

2. 移出剖面图的配置与标注

移出剖面图的配置与标注形式多样。

（1）移出剖面图不配置在剖切平面迹线的延长线上时，在基本视图上，应用剖切符号表示剖切位置，用箭头表示投影方向（若剖面对称时，箭头

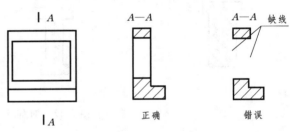

图6.19 移出剖面画法的特殊规定（二）

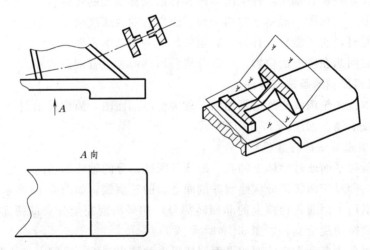

图6.20 移出剖面画法的特殊规定（三）

可省略），用大写字母作为标记。并在对应剖面图的正上方用相同的大写字母"×—×"来标记，如图 6.17（b）所示。

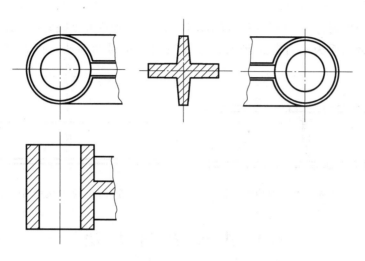

图 6.21　移出剖面画法的特殊规定（四）

（2）移出剖面图应该尽量配置在剖切平面迹线的延长线上。此种情况下，当剖切平面通过物体上的回转部分时，可省略所有标注；当剖切平面通过物体上的非回转部分时，若对应的剖面图形对称，则可省略箭头和字母；若对应的剖面图形不对称时，则只可省略字母，但必须用剖切符号和箭头表示出投影方向，如图 6.22 所示。

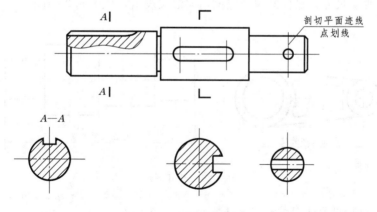

剖切平面迹线
点划线

图 6.22　移出剖面的标注

6.34 ▶

移出剖视图
的标注

6.3.3　重合剖面图的画法与标注

画在基本视图轮廓线内的剖面图称为重合剖面图，重合剖面图的轮廓线用细实线来绘制，如图 6.23 所示。

1. 重合剖面画法的特殊规定

当视图的轮廓线与重合剖面的图形轮廓线

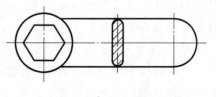

图 6.23　重合剖面

6.35 ▶

重合剖面图

重叠时，视图轮廓线应连续完整的画出，并且重合剖面图的比例应与视图中的比例一致，如图 6.24 所示。

2. 重合剖面图的标注

（1）重合剖面为对称图形时，可不作任何标注，如图 6.23 和图 6.24 所示。

（2）重合剖面为不对称图形时，应标注剖切符号和箭头，可省略字母，如图 6.25 所示。

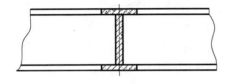

图 6.24　重合剖面画法的特殊规定

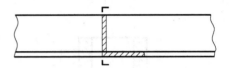

图 6.25　重合剖面图的标注

6.4　其他表达方法

在前几节的内容里，介绍了物体常用的表达方法——视图、剖视图以及剖面图，但是对于一些特殊的物体，国家标准还规定了一些相应的表达方法，本节主要介绍断开画法。

较长的机件（轴、杆、型材、连杆等），沿长度方向的形状一致或按一定规律变化时，可以将中间部分截断去掉，只将两端靠拢后再画出，但是标注的尺寸数字还必须是物体的真实尺寸，机件断裂处应该用波浪线表示，如图 6.26 所示。

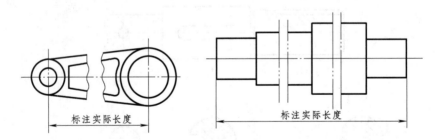

图 6.26　断开画法

1. 肋、轮辐以及薄壁的规定画法

在剖视图中，对于物体上的肋、轮辐以及薄壁部分，如果剖切平面按纵向通过这些结构，从而使这些结构被削薄，对于这些被削薄的结构规定按不剖来画，并用粗实线将它们与邻接部分分开，如图 6.27 所示。

2. 回转体上肋、轮辐以及孔的规定画法

当回转体上均匀分布的肋、轮辐以及孔等结构不处在剖切平面上时，可将这些结构先旋转到剖切平面的位置上，然后再画出其投影，如图 6.28 所示。

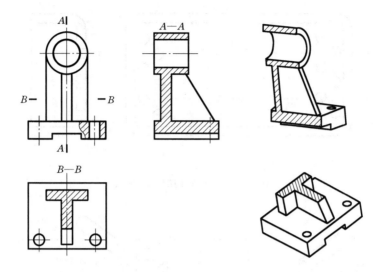

6.38 ▶

肋的规定画法

图 6.27　肋的规定画法

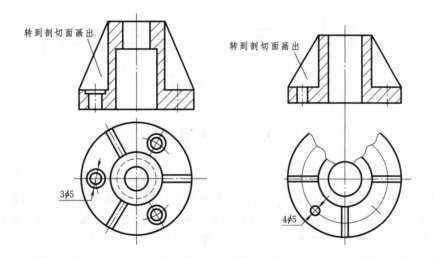

图 6.28　回转体上肋、孔的规定画法

3. 相同结构的省略画法

若物体上有若干直径相同且按规律分布的孔（通孔、阶梯孔、螺孔等），允许只画出一个或几个，其余只画出点划线来表示中心位置，但必须注明孔的数量，如图 6.29 所示。

4. 机件上小平面的表示方法

当机件上的小平面在图形中不能充分表示时，可以用平面符号（相交的细实线）表示，如图 6.30 所示。

115

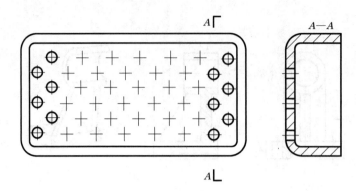

图 6.29 相同结构的省略画法

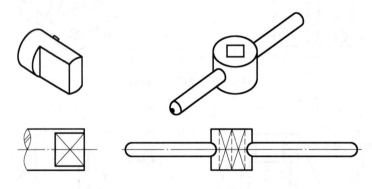

图 6.30 小平面的表示方法

6.5 综合应用举例

前面介绍了多种常用的表达方法，着重说明了其形成、适用条件以及标注方法。而在实际生产中碰到的物体结构形状也是多种多样，那么应该怎样综合应用上述表达方法，才能使物体表达的完整、正确和清晰，同时视图、剖视图、剖面图等数量最少，布局合理，又能突出主要视图？本节将结合实例来对此加以介绍。

【例 6.1】 如图 6.31（a）所示物体为涵洞，它是由底板、翼墙、胸墙和洞身四部分组成，试确定其表达方案。

解 分析每一部分，确定相应的表达方法。

（1）底板：底板水平放置，前后对称，且其下方有一内部结构——槽。

（2）翼墙：两个翼墙对称地立在底板的两侧，其形状是一有规律变化的杆。

（3）胸墙：胸墙与翼墙相连，胸墙中有一拱形孔。

（4）洞身：洞身与胸墙相连，洞身中有一孔。

首先，应考虑主正视图的选择：因物体系一过水建筑物，故正视方向如图 6.31 所示。并且物体前后对称，并且底板、胸墙、洞身皆有内部结构，所以应在正视图上选用全剖视图；然后，分析未表达清楚的部分，选择必要的其他视图：可以看出，物体上各部分的外形以及平面布置情况均未表达。根据物体的特点（前后对称），应选择用半剖左视图既表达底板、翼墙、胸墙的立面外形，又表达洞身和有内部结构部分的底板的形状特征而使表达方法减少；用俯视图可简单、准确地表达出平面布置情况。此时，物体已经完整的表达出来了。

但对于翼墙和底板下方槽的形状，以上表达会给读图带来很大困难。因此，针对翼墙是杆状类形状，再增加一剖面图重点强调翼墙形状；而根据槽处在底板的下方，再选用一仰视的局部视图来强调槽的形状。这样，就做到了画图简单而读图也比较方便。如图 6.31（b）所示。

6.39 ▶

例 6.1

6.40 ▶

补充题—
U 形渡槽

6.41 ▶

补充题—
窨井

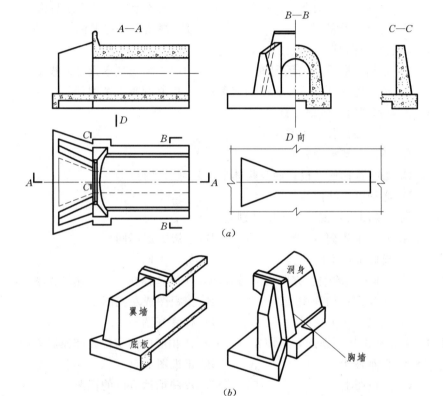

图 6.31　涵洞

复 习 思 考 题

6.1　物体选用基本视图来表达时，应该（　　）。

A. 6 个基本视图都应画出

B. 只画正、俯、左三视图

C. 必须画正、俯、左三视图

D. 根据物体的特点来相应选择几个基本视图

6.2　能同时表达出物体的前后和左右方位的视图是（　　）。

A. 正视图和俯视图　　　　　　　B. 仰视图和俯视图

    C. 正视图和后视图　　　　　　　D. 左视图和俯视图

6.3　向视图就是 （　　）。

    A. 在基本视图上加上名称的视图

    B. 将物体某部分向基本投影面投影的视图

    C. 将物体某部分向倾斜于基本投影面的平面投影的视图

    D. 不按投影关系来配置的基本视图

6.4　识读基本视图和向视图的方法是 （　　）。

    A. 视图正上方有无 "x 向"　　　　B. 视图旁边有无标注箭头

    C. 视图是否完整　　　　　　　　D. 视图旁边有无标注

6.5　画局部视图时，应该注意 （　　）。

    A. 必须按照投影关系配置　　　　B. 必须向基本投影面投影

    C. 必须选择投影面与物体局部平行　　D. 必须画上波浪线

6.6　画斜视图时，应该注意 （　　）。

    A. 必须按照投影关系配置

    B. 必须向基本投影面投影

    C. 必须选择辅助投影面与物体上倾斜部分平行

    D. 必须画上波浪线

6.7　局部视图与斜视图的实质区别是 （　　）。

    A. 投影面不同　　　　　　　　　B. 投影方法不同

    C. 投影部位不同　　　　　　　　D. 标注不同

6.8　若物体上孔的轴线方向为前后方向，应该选择在 （　　）作剖视图。

    A. 正视图或俯视图　　　　　　　B. 俯视图或左视图

    C. 左视图或正视图　　　　　　　D. 任意视图

6.9　若正视图作剖视图，应该在 （　　）标注相应的剖切位置和投影方向。

    A. 俯视图上　　　　　　　　　　B. 正视图上

    C. 左视图上　　　　　　　　　　D. 反映前后方位的视图上

6.10　同一物体的剖面符号，应该 （　　）。

    A. 同一个视图方向、间隔一致　　B. 所有视图方向、间隔一致

    C. 同一视图方向相反、间隔一致　　D. 所有视图方向相反、间隔一致

6.11　若一物体前后对称，且其上的孔的轴线是铅垂线，则应该在 （　　）选用半剖视图。

    A. 正视图　　　　　　　　　　　B. 左视图

    C. 俯视图　　　　　　　　　　　D. 左视图或俯视图

6.12　半剖视图中，视图部分与剖视图部分的分界线必须是 （　　）。

    A. 粗实线　　　　　　　　　　　B. 细实线

    C. 细点划线　　　　　　　　　　D. 细双点划线

6.13　局部剖视图中的波浪线应该 （　　）。

A. 穿孔而过　　　　　　　B. 随意画在图形上即可

C. 与图形轮廓线重合　　　D. 仅画在物体的实体部分

6.14 阶梯剖视图中，相邻剖切平面间的转折面的投影应该（　　）。

A. 用双点划线画出　　　　B. 用细实线画出

C. 不画出　　　　　　　　D. 用粗实线画出

6.15 旋转剖视图中，对于和基本投影面不平行的剖切部分，应该（　　）。

A. 直接投影　　　　　　　B. 先旋转再投影

C. 不画其投影　　　　　　D. 先旋转再用双点划线画出其投影

6.16 移出剖面在（　　）时，必须标箭头。

A. 不按投影关系配置　　　B. 没有配置在剖切平面迹线延长线上

C. 剖面不对称　　　　　　D. 任何情况

6.17 移出剖面在（　　）时，必须标字母。

A. 不按投影关系配置　　　B. 没有配置在剖切平面迹线延长线上

C. 剖面不对称　　　　　　D. 任何情况

6.18 重合剖面的轮廓线必须用（　　）绘制。

A. 粗实线　　　　　　　　B. 细实线

C. 点划线　　　　　　　　D. 虚线

第 7 章 标 高 投 影

1. 教学目标和任务

(1) 掌握标高投影的概念及用途。

(2) 掌握点、直线和平面（地形面）的标高投影表示法。

(3) 掌握等高线的概念及建筑物与地形面的交线的作图方法。

(4) 掌握地形断面法的作图方法及其应用。

2. 教学重点和难点

(1) 教学重点：标高投影的概念及其用途；点、直线和平面（地形面）的标高投影表示法；等高线、坡面交线、开挖线及坡脚线的概念。

(2) 教学难点：建筑物在水平地面上的标高投影图的绘制要点；建筑物在自然地面上的标高投影图的绘制要点。

3. 岗课赛证要求

标高投影图的绘制和阅读是水利工程专业人员具备的技能。

7.1 概　　述

工程建筑物常常建立在地面上，而地面通常是不规则曲面，在工程图上如何表达地面以及求作建筑物与地面的交线，是投影法需要解决的问题。标高投影法是用以表达地面及复杂曲面的常用的一种投影方法。

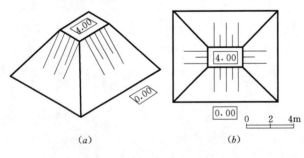

图 7.1　四棱台及其标高投影

如图 7.1 所示的四棱台，如果只画出水平投影，还缺少棱台高度。如在水平投影中加注出它的上、下底面距某一基面的高度（如下底面为 0.00，上底面为 4.00），则四棱台的形状和大小可以完全确定。这种用水平投影加注高度数字表示空间形状的方法称为标高投影法，标高投影图就是由上述方法所得到的单面正投影图。

标高投影图中的基准面一般为水平面，水利工程中通常采用国家统一规定的水准零点（与测量相一致的标准海平面）作为基准面，高度数值称为高程，单位为米（m）。为了度量需要，标高投影图中必须画出绘图比例尺或注明绘图比例。

7.2 点、直线、平面的标高投影

7.2.1 点的标高投影

空间点的标高投影，就是点在 H 面上的投影加注点的高程。基准面以上的高程为正，基准面以下的高程为负。如图 7.2 中，A 点记作 a_4，B 点记作 b_{-3}。

7.2.2 直线的标高投影

1. 直线的坡度和平距

直线上两点之间的高差（H）与水平距离（L）之比称为直线的坡度，记作 i。

图 7.3（a）中，直线 AB 的高差 $H=3$m，水平距离 $L=6$m，则直线 AB 的坡度为

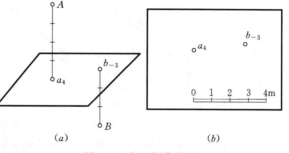
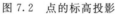

图 7.2 点的标高投影

7.1 ▶

点的标高投影

7.2 ▶

直线的坡度和平距

$$i = \tan\alpha = \frac{H}{L} = \frac{3}{6} = \frac{1}{2} \qquad 记作\ 1:2$$

即当直线 AB 上两点的水平距离为 1m 时，高度差为 0.5m。

直线上两点的高差为 1 时的水平距离数值，称为直线的平距，记作 $\cdots$，即

$$\cdots = \frac{L}{H} = \frac{1}{\tan\alpha} = \frac{1}{i}$$

由此可见，平距与坡度互为倒数，坡度大则平距小，坡度小则平距大。图 7.3（a）中，直线 AB 的坡度为 $1:2$，平距为 2，即当直线 AB 上两点的高差为 1m 时，其水平距离为 2m。

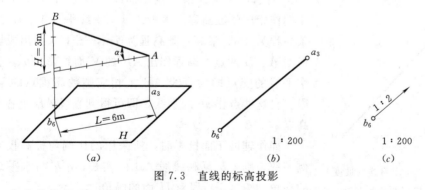

图 7.3 直线的标高投影

7.3 ▶

求直线的实长和倾角

2. 直线的表示法

（1）直线的水平投影和线上两点的高程，如图 7.3（b）所示。

（2）直线上一点的高程和直线的方向（坡度数字和指向下坡的箭头），如图 7.3（c）所示。

3. 直线上的点

直线上的点有两类问题需要求解：一是在已知直线上定出任意高程的点；二是已

知直线上的点，推算该点的高程。

【例 7.1】 求图 7.4（*a*）所示直线上高程为 3.3m 的点 *B*，并定出该直线上各整数标高点。

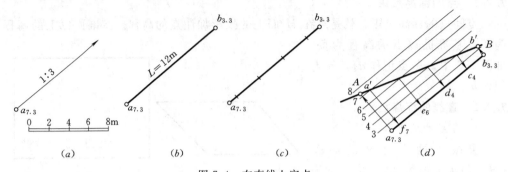

图 7.4 在直线上定点
(*a*) 已知；(*b*) 计算法第一步；(*c*) 计算法第二步；(*d*) 图解法

解 （1）求点 *B*。

$$H_{AB} = (7.3 - 3.3)\text{m} = 4\text{m}, \quad \cdots = \frac{1}{i}, \quad \cdots = 3$$

$$L_{AB} = \cdots \times H_{AB} = 3 \times 4\text{m} = 12\text{m}$$

如图 7.4（*b*）所示，自 $a_{7.3}$ 顺箭头方向按比例取 12m，即得到 $b_{3.3}$。

（2）求整数标高点。

1）数解法。因 $\cdots = 3$，可知高程为 4m、5m、6m、7m 各点间的水平距离均为 3m。高程 7m 的点与高程 7.3m 的点 *A* 之间的水平距离 $= H \times \cdots = (7.3 - 7) \times 3 = 0.9\text{m}$。自 $a_{7.3}$ 沿 *ab* 方向依次量取 0.9m 及三个 3m，就得到高程为 7m、6m、5m、4m 的整数标高点，如图 7.4（*c*）所示。

2）图解法。如图 7.4（*d*）所示，作辅助铅垂投影面 *V*∥*AB*，在 *V* 面上按适当比例作相应整数高程的水平线（水平线平行于 *ab*，最低一条高程为 3m，最高一条高程为 7m，图上未标出投影轴），根据 *A*、*B* 两点的高程作出 *AB* 的 *V* 面投影 *a′b′*，它与各水平线的交点即为直线 *AB* 上相应整数高程点的 *V* 面投影。自这些点作 *ab* 的垂线，即可得到直线 *AB* 上各整数标高点 c_4、d_5、e_6、f_7。

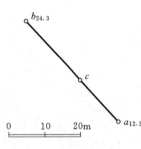

图 7.5 求直线的坡度和 *C* 点的标高

如作辅助正面投影时，所采用的比例与标高投影的比例一致，则 *a′b′* 反映线段 *AB* 的实长，*a′b′* 与水平线之间的夹角即为 *AB* 线段对 *H* 面的倾角 *α*。

【例 7.2】 如图 7.5 所示，求直线 *AB* 的坡度与平距，并求直线上 *C* 点的标高。

解 为求坡度与平距，先求出 *H* 和 *L*，然后用 $i = \dfrac{H}{L}$ 及 $\cdots = \dfrac{1}{i}$ 确定直线的坡度与平距。

下面只介绍数解法。

用比例尺量得 $L_{AB}=36$，经计算得

$$H_{AB}=24.3-12.3=12.0(\text{m})$$

因此

$$i=\frac{12}{36}=\frac{1}{3}，\cdots=3$$

然后按比例尺量得 ac 间的距离为 15，据 $i=\dfrac{H}{L}$ 得

$$\frac{1}{3}=\frac{H_{AC}}{15}\quad\text{即}\quad H_{AC}=5(\text{m})$$

于是，点 C 的标高应为

$$24.3-5=19.3(\text{m})$$

用图解的方法也可求出点 C 的标高，参照图 7.4（d），由读者自行分析作图。

7.6 ▶

等高线

7.2.3 平面的标高投影

1. 平面上的等高线

在标高投影中平面上的水平线称为等高线，它们是一组互相平行的直线，一条等高线上各点的高程是相同的。当相邻等高线之间的高差相同时，其水平距离也相等；当高差为 1m 时，水平距离即为平距，如图 7.6（a）所示。

2. 平面上的坡度线

平面上与等高线相垂直的直线称为坡度线，如图 7.6（a）中的直线 AB。从图 7.6（a）中可知，因为 $AB\perp BC$，所以 $ab\perp bc$，即坡度线和等高线的水平投影互相垂直，如图 7.6（b）所示。由于 AB 和 ab 同时垂直于 P 面和 H 面的交线 BC，因此角 α 就是 P 面对 H 面的倾角。则坡度线 AB 的坡度就是平面 P 的坡度。

7.7 ▶

坡度线作图步骤

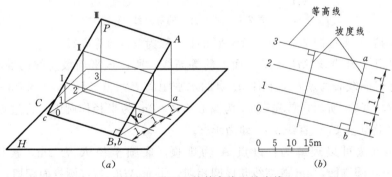

(a) $\qquad\qquad\qquad\qquad\qquad$ (b)

图 7.6　平面上的等高线和坡度线

7.8 ▶

平面的表示法

3. 平面的表示法

在标高投影中，平面可以用几何元素的标高投影表示，常用的有三种：

（1）一组平行的等高线表示平面，如图 7.7（a）所示。

（2）一条等高线和一条坡度线表示平面，如图 7.7（b）所示。

（3）平面上一条任意直线和一条坡向线（虚线箭头指向下坡并垂直于等高线）表示平面，如图 7.7（a）所示。

为了比较直观地反映平面倾斜方向，一般还应画出示坡线，示坡线画在平面高的一边，并垂直于等高线。

7.9 ▶

例题

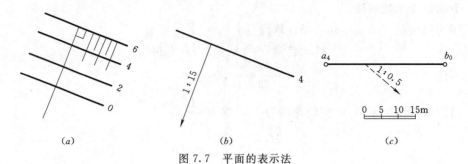

图 7.7 平面的表示法

4. 作平面上的等高线

【**例 7.3**】 求作图 7.8（*a*）所示平面上高程为 0m 的等高线。

解 0m 等高线必与已知的 4m 等高线平行，且通过坡度线上高程为 0m 的点 B，AB 的水平距离 $L_{AB} = \cdots \times H_{AB} = 1.5 \times 4\text{m} = 6\text{m}$。如图 7.8（*b*）所示，在坡度线上自 a_4 向下坡方向量取 6m 得 b_0，过 b_0 作直线与 4m 等高线平行即为所求。

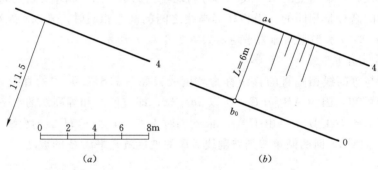

图 7.8 求平面上的等高线

【**例 7.4**】 求作图 7.9（*a*）所示平面上高程为 0m 的等高线。

解 由于已知直线 AB 不是平面上的等高线，所以该平面坡度线的准确方向未知，但 0m 等高线必通过 b_0，且距 a_4 点的水平距离 $L = \cdots \times H = 0.5 \times 4\text{m} = 2\text{m}$。因此，如图 7.9（*b*）所示，首先以 a_4 为圆心，$R = 2\text{m}$ 为半径作圆弧，再过点 b_0 向该弧引切线，得切点 C_0，直线 $b_0 c_0$ 即为所求。

此解题方法可以理解为：以点 A 为锥顶，底圆半径 R 为 2m，素线坡度为 1：0.5 作一正圆锥面，0m 等高线与底圆相切，平面 ABC 与该圆锥面相切，切线 AC 就是平面的坡度线，如图 7.9（*c*）所示。

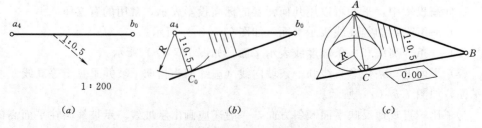

图 7.9 求平面上的等高线

5. 两平面的交线

在标高投影中，两平面（或曲面）的交线，就是两平面（或曲面）上相同等高线交点的连线，如图 7.10 所示。

在实际工程中，相邻两坡面的交线称为坡面交线，坡面与地面的交线称为坡脚线（填方坡面）或开挖线（挖方坡面）。

【例 7.5】 在高程为 2m 的地面上挖一基坑，坑底高程为 −2m，坑底的大小、形状和各坡面的坡度如图 7.11（a）所示，求开挖线和坡面交线。

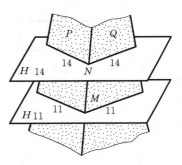

7.10 ▶

两平面的交线

解 如图 7.11（b）所示。

（1）求开挖线。地面高程为 2m，因此开挖线就是各坡面上高程为 2m 的等高线。它们分别与相应的坑底边线平行，其水平距离可由 $L=1\times H$ 求得。式中高差 $H=4m$，所以 $L_1=1\times 4m=4m$，$L_2=1.5\times 4m=6m$，$L_3=2\times 4m=8m$。

图 7.10 两平面交线的求法

7.11 ▶

求作平地上的开挖线和坡脚线

（2）求坡面交线。分别连接相邻两坡面相同高程等高线的交点，即得到 4 条坡面交线。

（3）画出各坡面的示坡线。从图 7.11（b）中可以看出，当相邻两坡面的坡度相等时，其坡面交线是两坡面上相同高程等高线夹角的角平分线。

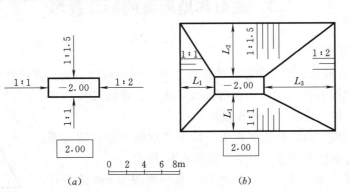

图 7.11 基坑开挖线和坡面交线

【例 7.6】 如图 7.12（a）所示，在标高为 2m 的地面上修建一平台，台顶高程为 5m，有一斜坡引道通至平台顶面。平台的坡面坡度为 1:1，引道两侧的坡面坡度为 1:1.2，试画出其坡脚线和坡面交线。

解（1）分析。坡脚线即各坡面与地面的交线，是坡面上高程为 2 的等高线。

（2）作图。

1）求坡脚线。平台坡脚线与坡面顶边缘线 a_5b_5 平行，水平距离为 $L_1=1\times 3m=3m$，据此作出平台的坡脚线。

引道两侧坡脚线求法与图 7.12（b）相同：分别以 a_5、b_5 为圆心，$L_2=1.2\times 3m=3.6m$ 为半径画圆弧，再由 c_2、d_2 分别作两圆弧的切线，即为引道两侧的坡脚线。

7.12 ▶

求作坡脚线和坡面交线

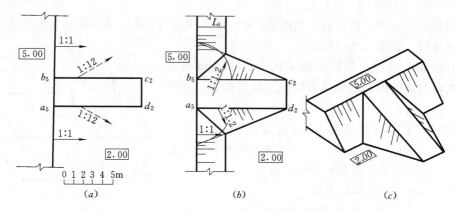

图 7.12 求平台、引道与地面的交线

2）求坡面交线。平台边坡坡脚线与引道两侧坡脚线的交点 m、n 就是平台坡面与引道两侧坡面的共有点，a_5、b_5 也是平台坡面与引道两边坡的共有点，连接 a_5m、b_5n，即为所求的坡面交线。

3）画示坡线。注意引道两侧边坡线应分别垂直于坡面上等高线 md_2、nc_2，如图 7.12（b）所示。

7.3　曲面和地形面的标高投影

7.3.1　正圆锥面

7.13 ▶

圆锥的标高投影

如图 7.13 所示，当正圆锥面的轴线垂直于水平面时，其标高投影通常用一组注上高程数字的同心圆（圆锥面的等高线）表示。锥面坡度越陡，等高线越密；坡度越缓，等高线越疏。

在河道疏浚、道路护坡工程中，常将转弯坡面做成圆锥面，以保证在转弯处坡面的坡度不变，如图 7.14 所示。

【例 7.7】　在高程为 2m 的地面上筑一高程为 6m 的平台，平台面的形状及边坡坡度如图 7.15（a）所示，求坡脚线和坡面交线。

解　如图 7.15（b）、（c）所示。

（1）求坡脚线。各坡面的坡脚线是各坡面上高程为 2m 的等高线。平台左右两边的坡面是平面，其坡脚线是直线，并且与平台边线平行，水平距离 $L=1\times(6-2)=4$m。

7.14 ▶

山头的标高投影

图 7.13　正圆锥的标高投影

平台中部边线为半圆，其边坡是圆锥面，所以坡脚线与台顶半圆是同心圆，其半径为 $R=r+L=r+0.6\times(6-2)=r+2.4$m。

（2）求坡面交线。坡面交线是由平台左右两边的坡面与中部圆锥面相交而形成的，因两边坡面的坡度小于圆锥面的坡度，所以坡面交线是两段椭圆弧。a_6、b_6 和 c_2、d_2 分别是两条坡面交线的端点。为了求出中间点，需要在平台两边坡面和中部

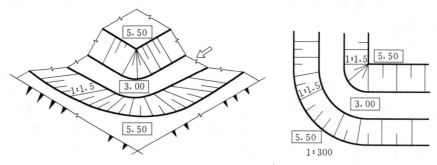

图 7.14 河渠的转弯坡面

圆锥面上，分别求出高程 5m、4m、3m 的等高线。两边坡面上的等高线为一组平行直线，它们的水平距离为 1m（$i=1:1$）；圆锥面上的等高线为一组同心圆，其半径差为 0.6m（$i=1:0.6$）。相邻面上相同高程等高线的交点就是所求交线上的点。用光滑曲线分别连接这些点，就可得到坡面交线。

（3）画出各坡面的示坡线。圆锥面上的示坡线应注意过圆心（锥顶）O。

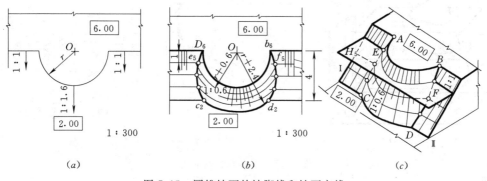

7.15

土坝与河岸连接处的坡脚线和坡面交线

（a）　　　　　　　　（b）　　　　　　　　（c）

图 7.15 圆锥坡面的坡脚线和坡面交线

7.3.2 同坡曲面

一个各处坡度皆相等的曲面称为同坡曲面。

同坡曲面的形成：正圆锥的轴线始终垂直于水平面，锥顶角不变，锥顶沿着一空间曲导线 AB 运动所产生的包络面，如图 7.16 所示。

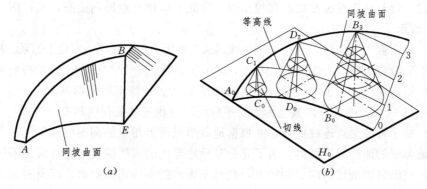

（a）　　　　　　　　　　　　　（b）

图 7.16 同坡曲面的形成

127

同坡曲面与圆锥面的切线是这两个曲面上的共有坡度线。这种曲面常用于道路爬坡拐弯的两侧边坡。

7.3.3　地形面

1. 地形等高线

如图 7.17（a）所示，假想用水平面 H 去截地形面，其交线为一条形状不规则的曲线，曲线上每个点的高程相等，因此称为地形等高线，用细实线画出这些等高线的水平投影，并注上高程数字，就得到地形面的标高投影，也称为地形图，如图 7.17（b）、（c）所示。有时，地形图逢"0""5"的地形等高线用粗实线画出，称为计曲线。等高线上的高程数字的字头规定指向上坡方向，相邻等高线之间的高差称为等高距，图 7.17（b）、（c）中的等高距均为 5m。

用这种方法表示地形面，能够清楚地反映出地形面的形状，地势的起伏变化，以及坡向等。如图 7.17（c）中右方环状等高线，中间高，四周低，表示一小山头；山头东北面等高线较密集，平距小，表示地势陡峭；西南面等高线平距较大，表示地势平坦，坡向是北边高南边低。

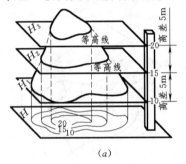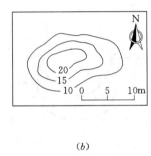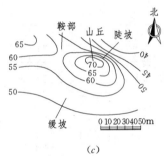

図 7.17　地形面的表示法

2. 地形剖面图

7.16
地形剖面图

用一铅垂面剖切地形面，画出剖切平面与地形面的交线并画上剖面材料图例，即得地形剖面图，如图 7.18 所示。

与地形面相切的铅垂面在地形图上积聚成一直线，该直线为地形面的剖切线，用 Ⅰ—Ⅰ 表示。剖切线与地形图上的等高线分别相交，如图 7.18 中的 1、2、3、…点。这些点的高程与其所在等高线的高程相同。由此可以作出地形剖面图，其作图方法如图 7.18 所示。

（1）以高程为纵坐标，Ⅰ—Ⅰ 剖切线的水平投影为横坐标作一直角坐标系。根据地形图上各等高线的高程，标注在纵坐标上，并由各高程点作平行于横坐标轴的高程线。

7.17
地形剖面图
的画图步骤

（2）将剖切线 Ⅰ—Ⅰ 上与各等高线的交点 1、2、…移至横坐标轴上。

（3）自 1、2、…各点作纵坐标轴的平行线，与相应的高程线相交。

（4）徒手将各交点连成曲线，并根据地质情况画上相应的剖面材料图例。

当地形面的地势较平缓时，为了充分显示地形面的起伏情况，允许采用不同的纵横比例，使纵向比例较横向比例较大，此时不表示剖面的实际形状，而只表达剖面处的地形变化情况。

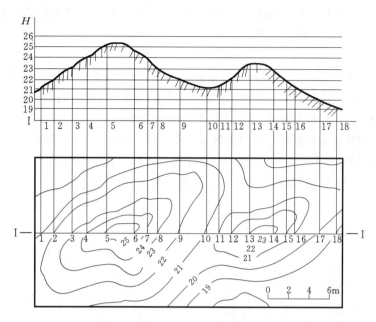

图 7.18　地形剖面图

【例 7.8】　　在河道上筑一道土坝，位置如图 7.19（*a*）中坝轴线所示，坝顶宽 6m，高程 41m，上游边坡 1：2.5，下游边坡 1：2，试作土坝的标高投影图。图 7.19（*b*）为土坝轴测图。

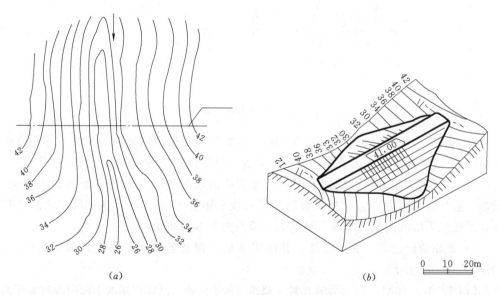

（*a*）　　　　　　　　　　　　　　　　　　（*b*）

图 7.19　土坝的已知条件和轴测图

解　（1）分析。土坝为填方工程，土坝顶面及上下游坡面与地面都有交线。由于地面是不规则曲面，所以交线都是不规则的平面曲线。坝顶是水平面，它与地面的交线是地面上同高程等高线的一小段。其上下游坡脚线上的点是坡面与地面的同高程

129

等高线的交点。求出一系列同高程等高线的交点，把它们依次光滑地连接起来，即得土坝各坡面与地面的交线。

（2）作图（图 7.20）。

1）画坝顶平面图。在坝轴两侧各量取 3m，画出坝顶边线。坝顶高程为 41m，用内插法在地形图上用虚线画出 41 等高线，从而求出坝顶面的左右边线。注意坝顶左、右边线是高程为 41m 的两段等高线（曲线）而非直线。

2）求上游坡面的坡脚线。在上游坡面上作与地形面相应的等高线，根据上游坡面坡度 1:2.5，知平距 $L=2.5$，按比例即可作出与地形面相应的等高线 40、37、…，然后求出坝坡面与地面相同高程等高线的交点，顺次光滑连接诸点，即得上游坡面坡脚线。

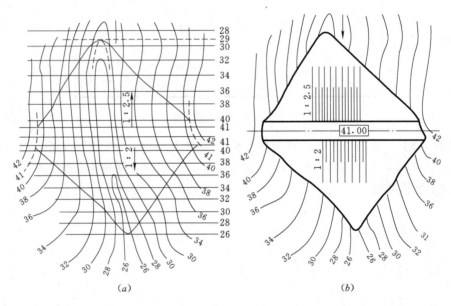

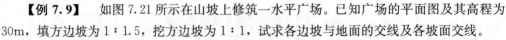

图 7.20 作土坝的平面图

画上游坡脚线时应注意：河道为凹槽，坡脚线在河槽最低处应为曲线，即不应将等高线 30 上的两个点连成直线，而应顺交线的弯曲趋势，连成曲线（凸向上游）。

3）求下游坡面的坡脚线。下游坡面坡脚线的求解方法与上游坡面坡脚线相同，只是下游坡面坡度为 1:2，所以坡面上等高线平距 $L=2$m。依次连接所求出的共有点，即得到下游坡面的坡脚线（最低处连成凸向下游的曲线）。

4）画出两面边坡上的示坡线，并注明坝顶高程及各坡面的坡度，即完成全图，如图 7.20（b）所示。

7.19 ▶
例 7.9

【例 7.9】　如图 7.21 所示在山坡上修筑一水平广场。已知广场的平面图及其高程为 30m，填方边坡为 1:1.5，挖方边坡为 1:1，试求各边坡与地面的交线及各坡面交线。

解　（1）分析。因为水平广场高程为 30m，所以地面上高程为 30m 的等高线就是挖方和填方的分界线，它与水平广场轮廓边线的交点 a、b 就是填、挖边界线的分界点。

地形面上比 30m 高的地方是挖方部分，平面轮廓为矩形，所以坡面为三个平面、

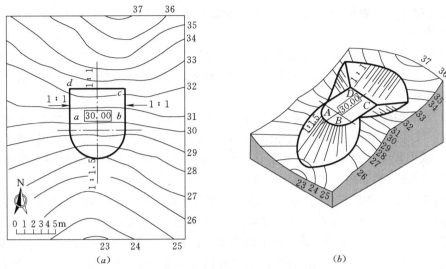

7.20 ▶

例7.9的标注

图 7.21　广场的已知条件和轴测图

其坡度均为 1:1。挖方坡面的等高线为一组平行线。挖方部分不仅产生开挖线还存在坡面交线。

由于相邻两坡面的坡度相等，因此两坡面的交线是两坡面同高程等高线相交的角平分线（即 45°线）。

地形面上比 30m 低的地方是填方部分，填方坡面包括一个圆锥面和两个与它相切的坡面。其等高线分别为同心圆和平行直线。因坡度相同，所以相同高程的等高线相切。

（2）作图（图 7.22）。

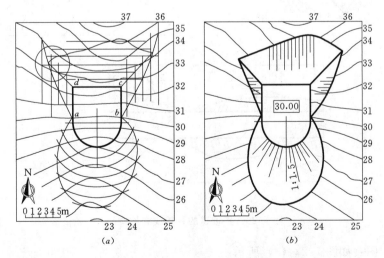

图 7.22　求广场的标高投影图

1）求开挖线。因地形图上等高线间距为 1m，所以坡面等高线的间距也应取为 1m，挖方坡度为 1:1，等高线的平距 $L=1$m。以此作出坡面上高程为 31、32、…的一组平行等高线。坡面等高线与同高程的地面等高线相交，就得出许多交点。徒手把这些点连接起来，即得开挖线。至于坡面交线，因属特例，由广场的顶角 c、d 作 $45°$ 斜线即得。

需要注意的是两坡面开挖线的交点（如图中左上角圆圈内所示），它是两坡面及地形面的共有点，画图时先由一条开挖线和坡面交线相交得该点，另一开挖线则应画至此点结束。

2）求坡脚线。填方的坡度为 1∶1.5，等高线的平距为 $L=1.5\text{m}$，以此作出锥面上的等高线，与相同高程的地形等高线相交，得各交点。连接各点即得填方部分的坡脚线。

3）画出各坡面的示坡线。注意填、挖方示坡线有别，长短相间的细实线皆自高端引出，作图结果如图 7.22（b）所示。

【例 7.10】 如图 7.23 所示，在地面上修一条斜坡道，已知路面及路面上等高线的位置，并知填、挖方边坡均为 1∶2，求各边坡与地面的交线。

解 （1）分析。比较路面与地面的高程可以看出，道路西侧比地面高，应填方；东侧比地面低，应挖方。路南填方、挖方分界点在路面边缘高程 17m 处，路北填、挖方分界点大致在高程 17m 与 17m 之间，准确位置要通过作图确定。

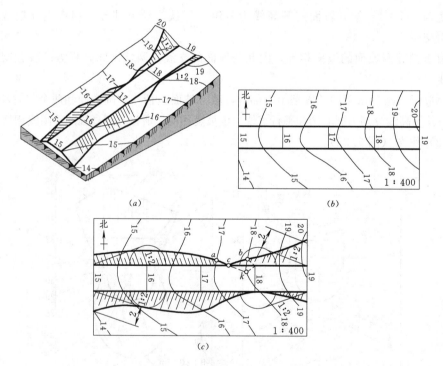

图 7.23 斜坡道的开挖线和坡脚线

（2）作图：如图 7.23（c）所示。

1）作填方两侧坡面的等高线。以路面边界上高程为 16m 的点为圆心，2m 为半径作圆弧，此圆弧可理解为素线坡度为 1∶2 的正圆锥面上高程为 15m 的等高线。自路面边界上高程为 15m 的点作此圆弧的切线，就是填方坡面上高程 15m 的等高线。

再自路面边界上高程为16m、17m的点作此切线的平行线，即得填方坡面上相应高程的等高线。

2）作挖方两侧坡面的等高线。求法与作填方两侧坡面的等高线相同，但方向与同侧填方等高线相反（因为这时所作的圆锥面是倒圆锥面，顶点在下面）。

3）将坡面上等高线与地面同高程等高线的交点依次连接起来，就得到坡脚线和开挖线。需要注意的是路北的 a、b 两点不能直接连接，这两点都应与填挖方分界点 c 相连。点 c 的求法是：假想扩大路北填方的坡面，自高程为17m的点再作一高程为17m的等高线（图中用虚线表示），求出它们与地面高程为17m等高线的交点 K，连接 aK，与路面边界线交于点 c，就是填挖方分界点。如假想扩大路北挖方的坡面，也可得出相同的结果。

复习思考题

7.1 标高即为测量学中的"高程"，单位以（　　）计。

A. 米　　　　B. 厘米　　　　C. 毫米　　　　D. 分米

7.2 修建在地面以上的建筑物，其表面与地面的交线叫（　　）。

A. 坡面线　　B. 坡脚线　　　C. 等高线　　　D. 开挖线

7.3 绝对高程的起点是（　　）。

A. 某建筑物的基础　　　　　　B. 最高海平面

C. 最低海平面　　　　　　　　D. 黄河多年平均海平面

7.4 建筑物表面与地形面的交线上的点是（　　）。

A. 建筑物表面等高线上任意位置的点

B. 地面等高线上任意位置的点

C. 建筑物表面与地面上同高程等高线的交点

D. 建筑物表面与地面上两条不高程等高线的交点

7.5 平面的坡度线，就是平面的（　　），它垂直于平面上的水平线。

A. 斜度线　　B. 最小斜度线　　　C. 最大斜度线　　　D. 垂直线

7.6 两平面的交线就是两条同高程等高线交点的连线，这是用来（　　）基本方法。

A. 求平面相交的　　B. 求等高线平面的　　C. 求坡脚线　　D. 求开挖线

7.7 正圆锥面上的等高线都是（　　）。

A. 圆　　　　　　　B. 同心圆　　　　C. 椭圆　　　　D. 扁圆

7.8 地形图上高程是以什么为起点的（　　）。

A. 某一山顶　　B. 某一湖面　　C. 多年平均海平面　　D. 最高海平面

7.9 等高线上标注高程时，字头方向应该是（　　）。

A. 向上　　　　B. 向左　　　C. 向地形高处　　D. 与尺寸数字规定相同

第8章 水 工 图

1. 教学目标和任务

(1) 了解水利工程图的种类、用途和特点。

(2) 掌握水利工程图的基本表达方法和特殊表达方法。

(3) 掌握水利工程图尺寸标注的规定。

(4) 熟悉常见水工建筑物的基本组成和表达方法。

(5) 掌握常见水工建筑物的绘制步骤和方法。

2. 教学重点和难点

(1) 教学重点：水利工程图的基本表达方法和特殊表达方法；水利工程图的尺寸标注。

(2) 教学难点：识读和绘制常见水工建筑物的工程图。

3. 岗课赛证要求

识读和绘制水工建筑物的工程图是水利工程专业的必备技能。

8.1 水 工 图 概 述

表达水利水电工程建筑物的图样称为水利工程图，简称水工图。水工图的内容包括视图、尺寸、图例符号和技术说明等，它是反映设计思想、指导施工的重要技术资料。

本节将对常见的水工建筑物及其结构和水工图的分类作简要介绍。

8.1.1 水工建筑物简介

为利用或控制自然界的水资源而修建的工程设施称为水工建筑物。一项水利工程，常从综合利用水资源出发，同时修建若干个不同作用的建筑物，这种建筑物的综合体称为水利枢纽。图8.1所示为我国大型水利枢纽——长江三峡水利枢纽工程全貌。该枢纽主要由拦河坝、发电站、船闸（垂直升船机、双线五级船闸）、泄水闸、冲沙闸等建筑物组成。图8.1中在泄水闸底孔及船闸处均布置有排沙底孔。

8.1.2 水工建筑物中常见结构及其作用

在水工建筑物中常设置以下结构。

1. 上、下游翼墙

水闸、船闸等过水建筑物的进出口处两侧的导水墙称为翼墙。

2. 铺盖

铺盖是铺设在上游河床之上的一层防冲、防渗保护层，它紧靠闸室或坝体，如图8.2所示。其作用是减少渗透，保护上游河床，提高闸、坝的稳定性。

图 8.1 长江三峡水利枢纽工程全貌

①—拦河坝，挡水建筑物，用以拦截河流，抬高上游水位，形成水库和落差；②—水电站，利用上、下游水位差及流量进行发电的建筑物；③—船闸；④—垂直升船机，用以克服水位差产生的通航障碍的建筑物，双线五级船闸用于航运，垂直升船机用于过船；⑤—泄水闸，用以泄洪及排放上游水流，进行水位和流量调节的建筑物；⑥—冲沙闸，用以排放水库泥沙的建筑物

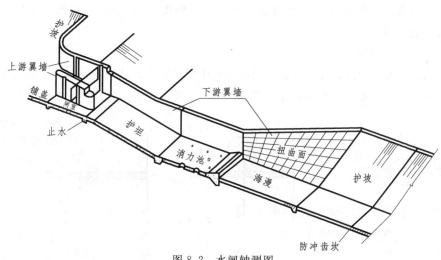

图 8.2 水闸轴测图

3. 护坦及消力池

经闸、坝流下的水带有很大的冲击力，为防止下游河床受冲刷，保证闸、坝的安全，在紧接闸、坝的下游河床上，常用钢筋混凝土做成消力池，如图 8.2 所示。水流至池中，产生翻滚，消耗大部分能量。消力池的底板称护坦，上设排水孔，用以排出闸、坝基础的渗透水，降低底板所承受的渗透压力。

4. 海漫及防冲槽（或防冲齿坎）

经消力池流出的水仍有一定的能量，因此常在消力池后的河床上再铺设一段砌块石护底，用以保护河床和继续消除水流能量，这种结构称海漫，如图 8.2 所示。海漫末端设干砌块石防冲槽或防冲齿坎，以保护紧接海漫段的河床免受冲刷破坏。

5. 廊道

廊道是在混凝土坝或船闸闸首中，为了灌浆、排水、输水、观测、检查及交通等的要求而设置的结构，如图 8.3 所示。

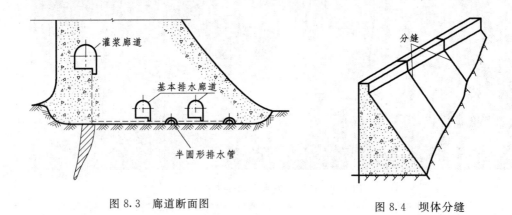

图 8.3　廊道断面图

图 8.4　坝体分缝

6. 分缝

对于较长的或大体积的混凝土建筑物，为防止因温度变化或地基不均匀沉陷而引起的断裂现象，一般需要人为地设置结构分缝（伸缩缝或沉陷缝），图 8.4 所示为混凝土大坝的分缝。

7. 分缝中的止水

为防止水流的渗漏，在水工建筑物的分缝中应设置止水结构，其材料一般为金属止水片、油毛毡、沥青、麻丝和沥青芦席等。图 8.5 所示为常见的几种止水结构的断面。

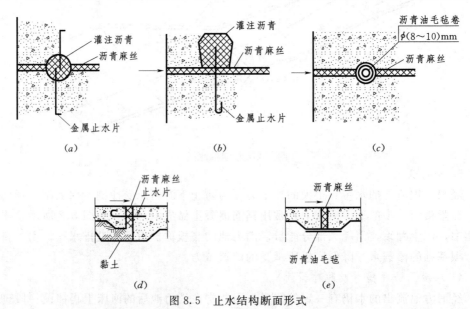

图 8.5　止水结构断面形式

8.1.3 水工图的分类及特点

1. 水工图的分类

水利工程的兴建一般需在勘测的基础上经历规划、设计、施工、验收等阶段，每个阶段对水工图有不同的要求，需要绘制相应的图样。

图样的基本类型有：工程位置图（包括灌溉区规划图）、枢纽布置图（或总体布置图）、建筑物结构图和施工图等。在施工过程中，有时需要对原设计进行修改，根据工程建成以后的实际情况画出的图样称为竣工图。

（1）工程位置图（包括灌溉区规划图）。工程位置图主要表示：水利枢纽所在的地理位置；与枢纽有关的河流、公路、铁路、重要的建筑物和居民点等。图8.6所示是江苏省引江水利工程枢纽位置示意图。

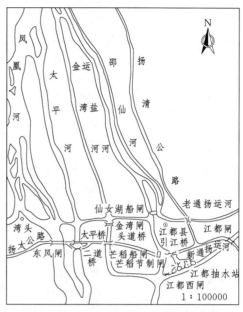

图 8.6 引江水利工程枢纽位置示意图

工程位置图的特点是：①表示的范围大，图形的比例小，一般比例为 1∶5000～1∶10000，甚至更小；②建筑物一般采用示意图表示。表 8.1 为水工建筑物常用平面图例。

表 8.1　　　　　　　　　　　　水工建筑物常用平面图例

名　　称		图　　例	名　　称	图　　例
水库	大型		变电站	
	小型		泵站	
混凝土坝			船闸	
堤			土石坝	
防浪堤	直墙式		水闸	
	斜墙式		溢洪道	
水电站	大比例尺		渡槽	
	小比例尺		隧洞	
			涵洞管	

名 称	图 例	名 称	图 例
虹吸	（大）（小）	平板闸门	(a)（b）（c）（d） (a) 下游立面图；(b) 平面图； (c) 侧面图；(d) 上游立面图
跌水		弧形闸门	(a)（b）（c）（d） (a) 侧面图；(b) 平面图； (c) 上游立面图；(d) 下游立面图
斗门			
沟　明沟		桥式吊车	I　C　I 用在厂房断面图中
沟　暗沟			
灌区			
鱼道			

阅读某灌区规划图（图 8.7），首先根据指北针辨明方向，然后看清各主要建筑物的类别及布局。该灌区有 5 座水库作为取水渠首，通过塘堰的调节，由总长 1000 多 km 的总干渠和分干渠灌溉 1000 多万亩土地，灌区内水库、塘堰、总干渠及分干渠的位置均在图中作了示意性表达。

（2）枢纽平面布置图（或总体布置图）。枢纽平面布置图主要表示整个水利枢纽在平面上的布置情况，如附图 1 所示。枢纽布置图一般包括如下内容：

1）水利枢纽所在地区的地形、河流及流向、地理方位（指北针）等。

2）各建筑物的相互位置关系。

3）建筑物与地面的交线、填挖方边坡线。

4）铁路、公路、居民点及有关的重要建筑物。

5）建筑物的主要高程和主要轮廓尺寸。

枢纽布置图有以下特点：①枢纽平面布置图必须画在地形图上；②为了使图形主次分明，结构上的次要轮廓线和细部构造一般均省略不画，或采用示意图表示这些构造的位置、种类和作用；③图中尺寸一般只标注建筑物的外形轮廓尺寸及定位尺寸、主要部位的高程、填挖方坡度。

（3）建筑物结构图。结构图是以枢纽中某一建筑物为对象的工程图，包括结构布置图、分部和细部构造以及钢筋混凝土结构图等（这类图的数量最多），如附图 2 和附图 3，为某水闸结构布置图，它和枢纽布置图都是设计阶段绘制的图样。

建筑物结构图包括如下内容：

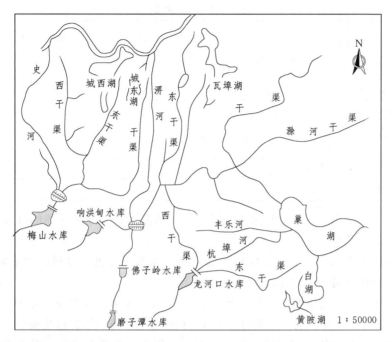

图 8.7　某灌区规划图

1）表示建筑物的结构形状、尺寸及材料。

2）表示建筑物各分部和细部的构造、尺寸及材料。

3）工程地质情况及建筑物与地基的连接方式。

4）相邻结构物之间的连接方式。

5）附属设备的位置。

6）建筑物的工作条件，如上、下游各种设计水位、水面曲线等。

（4）施工图。按照设计要求绘制的指导施工的图样称为施工图。施工图主要表达施工程序、施工组织、施工方法等内容。常用施工图如施工场地布置图、基础开挖图、混凝土分期分块浇筑图、钢筋图等。

（5）竣工图。工程施工过程中，对建筑物的结构进行局部修改是难免的，竣工后建筑物的实际结构与建筑物结构图存在差异。因此，应按竣工后建筑物的实际结构绘制竣工图，供存档和工程管理用。

上述内容仅仅是常见的水工图的一般分类。随着现代科学技术的飞跃发展，工程上将不断采用新的施工方法和新型结构，图样也将会出现新的类型。

总之，设计者应根据生产的需要选择能满足生产要求的图样。

2. 水工图的特点

（1）比例尺小。水工建筑物形体庞大，画图时常用小比例尺，各类水工图常用比例见表 8.2。

特殊情况下，允许在同一个视图中的铅垂和水平两个方向采用不同的比例。

（2）详图多。因画图所采用的比例尺小，细部构造不易表达清楚。为了弥补以上缺

表 8.2 水工图常用比例

图 类	比 例
枢纽总布置图施工总平面布置图	1：5000，1：2000，1：1000，1：500，1：200
主要建筑物布置图	1：2000，1：1000，1：500，1：200，1：100
基础开挖图基础处理图	1：1000，1：500，1：200，1：100，1：50
结构图	1：500，1：200，1：100，1：50
钢筋图	1：100，1：50，1：20
细部构造图	1：50，1：20，1：10，1：5

陷，水工图中常采用较多的详图来表达建筑物的细部构造（关于详图的有关知识，将在下一节详细介绍）。

（3）剖面图多。为了表达建筑物各部分的剖面形状及建筑材料，便于施工放样，水工图中剖面图（特别是移出剖面）应用较多。

（4）考虑水和土的影响。任何一个水工建筑物都是和水、土紧密联系的，绘制水工图应考虑水流方向，并注意对建筑物土下部分的表达（具体表达方法将在下一节介绍）。

（5）粗实线的应用。水工图中的粗实线，除用于可见轮廓线外，对于建筑物的施工缝、沉陷缝、温度缝、防震缝、不同材料分界线等也应以粗实线绘制。

8.2 水工图的表达方法

8.2.1 视图配置及名称

8.1 ▶

视图配置

水工图上常用的是三视图，即正视图、俯视图和侧视图。俯视图一般称为平面图，正视图和侧视图一般称为立面图。由于水工建筑物许多部分被土层覆盖，而且内部结构也较复杂，所以剖视、断面应用较多。图 8.8 为陡坡结构图，采用平面图和 $A—A$、$B—B$ 两个剖视图才能表达清楚。

为了看图方便，每个视图都应标注图名，图名统一标注在图形的下方或上方。视图应尽可能按投影关系配置。在布置图形时，习惯上使水流方向由左向右或由后向前。

若视图对称，为了减少幅面，节省绘图工作量，允许只画一半，对称面画点划线，并在点划线两端标上对称符号（＝），如图 8.9 中的平面图。也可将两个对称的视图各画一半合并在一起，对称面画点划线，并分别标注相应的图名，如图 8.9 中的侧视图为上游立面图和下游立面图合并而成。

人站在上游，面向建筑物作投射，所得的视图叫做上游立面图；站在下游，面向建筑物作投射，所得的视图叫做下游立面图。面向下游站立时，人的左手侧称为左岸，右手侧称为右岸。一般沿建筑物纵轴线方向称为纵向，垂直于纵轴线方向称为横向。

8.2.2 其他表达方式

1. 局部放大图

当物体的局部结构由于图形的比例较小而表示不清楚或不便于注写尺寸时，可将这

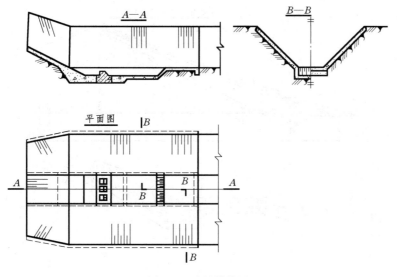

图 8.8　陡坡结构图

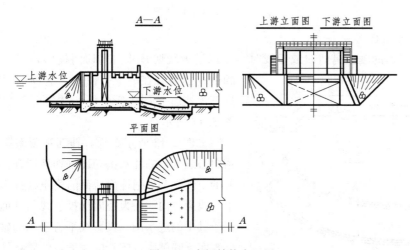

图 8.9　水闸结构布置图

些局部结构用较大的比例画出，称为局部放大图或详图，如图 8.10、图 8.11 所示。其表达方法是：在原图形上用细实线圆表示需要放大的部位，用引出符号"$\ominus$"标注局部放大图的编号（分子）和放大图所在图纸的编号（分母），便于看图时查阅。若局部放大图画在本张图纸内，则分母用"一"表示，如图 8.11 中的"$\ominus$"。在相应的局部放大图下方（或上方），应标注编号和比例，如 $\bigcirc$ 1：50，圆用粗实线绘制，直径为 14mm。

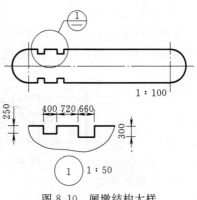

图 8.10　闸墩结构大样

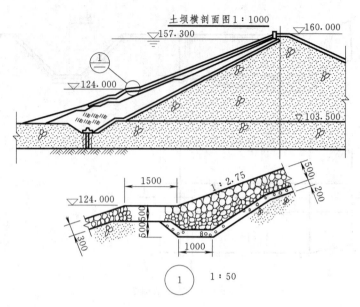

图 8.11 土坝结构详图

2. 展开剖视图

当建筑物的轴线是曲线或折线时，

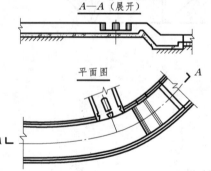

图 8.12 干渠布置图（展开画法）

可以沿轴线切开并向剖切面投影，然后将所得的剖视图展开在一个平面上，这种剖视图称为展开剖视。在图名后应标注"展开"二字，如图 8.12 所示。

如图 8.12 所示渠道，其剖视图系采用与渠道中心线重合的柱状剖切面剖切后展开而得。展开的方法是：先把柱面后面的建筑物投影到柱面上，投影方向一般为径向（投影线与柱面正交）。对于其中的进水闸，投影线平行于闸的轴线，以便真实反映闸墩及闸孔的宽度，然后将柱面展开成平面，即得 A—A（展开）剖视图。

3. 省略表示法

当图形对称时，可以只画对称的一半，但须在对称线上加注对称符号，如图 8.13 涵洞的平面图所示。对称符号为对称线两端与之垂直的平行线（细实线）各两条。

图 8.13 涵洞平面图（省略画法）

4. 分层表示法

当建筑物有几层结构时，为了表达出各层的结构和节省图幅，可以采用分层表示

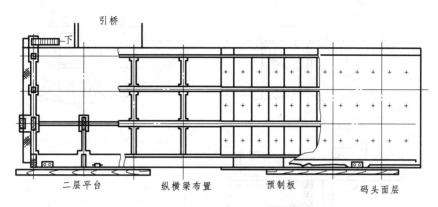

图 8.14 码头平面图（分层画法）

法，即在同一视图内按其结构层次分层绘制，如图 8.14 所示。画分层视图时，相邻层次用波浪线（或分缝线、分段线）作分界，并用文字标注各层的名称。

5. 假想表示法

水工图中为了表示活动部件的运动范围，或者为了表示相邻结构的轮廓，可以采用假想表示法——用双点划线表示假想投影。在图 8.15 水电站厂房横断面图中，发电机转子和水轮机的吊装位置采用了假想表示法。

6. 拆卸表示法

当所要表示的结构被装配式部件或附属设备或埋土遮住时，可假想将后者拆去，然后绘制视图，这种画法称为拆卸表示法。如图 8.16所示，水闸左右对称，平面图中闸室的一半采用拆卸表示法，未将工作桥和公路桥示出，左岸翼墙及边墩未填土，用实线表示。

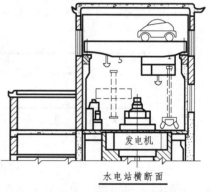

图 8.15 水电站厂房横断面图

7. 合成表示法

对称或基本对称的图形，可将两个相反方向的视图或剖视图、剖面图各画对称的一半，并以对称线为界，合成一个图形，称为合成视图。如图 8.16 中 $B—B$ 和 $C—C$ 所合成的图形。

8. 连接表示法

当结构物比较长但又必须画出全长时，由于图纸幅面的限制，允许采用连接表示法，将图形分成两段绘制，并用连接符号和标注相同字母的方法表示图形的连接关系，如图 8.17 所示。

8.2.3 规定画法和简化画法

（1）对于构造相同且均布的孔洞，如图 8.16 所示的消力池底板上的排水孔，在反映其分布情况的视图中，可按其外形画出少数孔洞，其余的用符号"＋"表示出它们的中心位置。

（2）当图形的比例较小致使某些细部构造无法在图中表示清楚，或者某些附属设

143

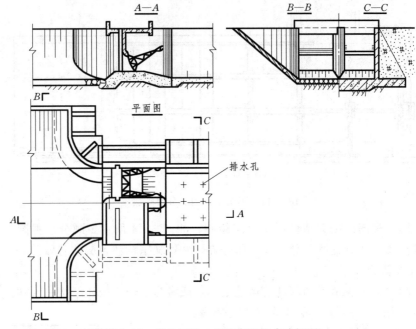

平面图

排水孔

图 8.16 简化画法、拆卸画法和合成视图

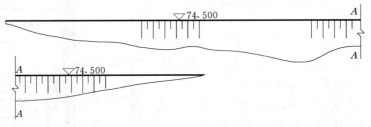

▽74.500

▽74.500

图 8.17 连接表示法

备（如闸门、启闭机、吊车等）另有专门的图纸表示，不需在图上详细画出时，可以在图中相应部位画出示意图。这种画法虽然不能表示结构的详细情况，但能表示出它的位置、类型和作用。常用的一些示意图例见表 8.1。

（3）建筑物中有各种缝线，如沉陷缝、伸缩缝、施工缝和材料分界线等。虽然缝线两边的表面在同一平面内，但画图时一般仍按轮廓线处理，用一条粗实线表示，如图 8.18 所示。

（4）在《水利水电工程制图标准》中规定实线、虚线和点划线的宽度分为粗、中粗、细三个等级，如图 8.19 所示，并要求同一张图纸上，同一等级的图线，其宽度应一致。

当图上线条较多、较密时，可按图线的不同等级，将建筑物的外轮廓线，剖视图

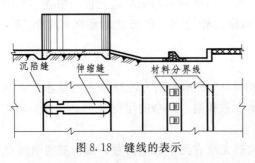

沉陷缝   伸缩缝   材料分界线

图 8.18 缝线的表示

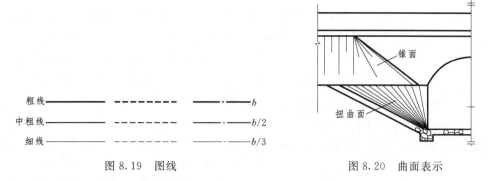

图 8.19　图线　　　　　　　　　图 8.20　曲面表示

的截面轮廓等用粗实线画出，将廊道截面轮廓、闸门、工作桥墩等用中粗线画出，使所表达的内容重点突出，主次分明。

（5）为了增加图样的明显性，水工图上的曲面应用细实线画出其若干素线，斜坡面应画出示坡线，如图 8.20 所示。

8.3　水工图常见曲面的画法

水工建筑物的某些表面为曲面，常见的如柱面、锥面、渐变面及扭面等。在水工图中，除画出它们的投影外，还需在其投影范围内画出若干条素线，以使图形更为清晰。

1. 柱面

在水工图中，对于柱面，在反映其轴线实长的视图中画出若干条间隔不等的直素线（细实线），靠近轮廓线处密，靠近轴线处稀。如图8.21 所示闸墩的两端及溢流坝顶柱面部分，分别在正视图和俯视图中画出了柱面素线。

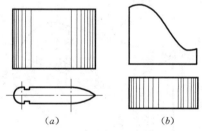

图 8.21　柱面的画法

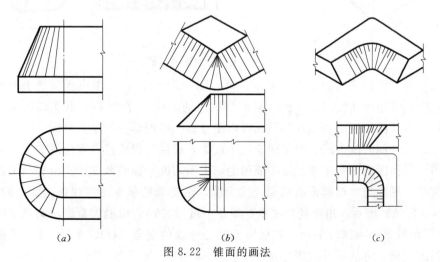

图 8.22　锥面的画法

2. 锥面

对于锥面，有两种画法：①在其反映轴线实长的视图中画若干条有疏密之分的直素线，在反映锥底圆弧实形的视图中则画若干条均匀的直素线，如图 8.22（a）所示；

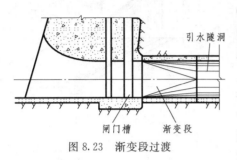

图 8.23 渐变段过渡

②在锥面的各视图中均画出若干条示坡线，如图 8.22（b）、（c）所示。注意锥面示坡线方向应指向锥顶。

3. 渐变面

水电站及抽水机站的引水管道或隧洞通常是圆形断面，而安装闸门处需要做成矩形断面。为使水流平顺，在矩形断面与圆形断面之间，通常采用渐变段过渡，使断面逐渐变化，如图 8.23 所示。

（1）渐变面的组成。渐变面是由四个三角形平面和四个部分斜椭圆锥面相切而形成的组合面，如图 8.24（a）所示。其中，方（矩）形的四个顶点 S_1、S_2、S_3、S_4 分别为四个斜椭圆锥的顶点，圆周的四段圆弧分别为四个斜椭圆锥的底圆，圆心 O 与锥顶 S_1、S_2、S_3、S_4 的连线 OS_1、OS_2、OS_3、OS_4，分别为四个斜椭圆锥的圆心连线。

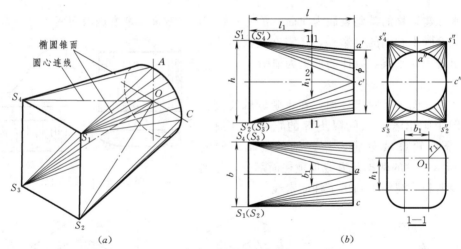

图 8.24 渐变段表面的组成

（2）渐变面的素线表示法。表达要领如图 8.24 所示：①用粗实线画出渐变面的外形轮廓；②用细实线画出平面与斜椭圆锥面的切线（分界线），其正面投影和水平投影均与斜椭圆锥面圆心连线的同面投影重合；③锥面部分加绘直素线。

（3）渐变面的剖面图。为了便于施工放样，确保工程质量，需绘制渐变面的若干剖面图。剖面图系平行于渐变面端面的剖切平面与渐变面的截交线。由于两平面的交线为直线，平面与斜椭圆锥面的截交线为圆，渐变面的剖面图是四角为圆角的矩形，如图 8.24（b）所示。矩形的高度由正视图中量得（h），矩形的宽度由俯视图中量得（b），圆角的圆心为剖切平面与斜椭圆锥圆心连线的交点（O），半径（R）为圆心至轮廓线之距离，可从正（或俯）视图中量取。

4. 扭面

扭面也是一种渐变面。渠道的断面为梯形，水工建筑物的过水断面为矩形，两者之间常以一光滑曲面过渡，这个曲面就是扭面，扭面所在部分结构（如进出口段）称为扭面过渡段，如图 8.25（a）所示。

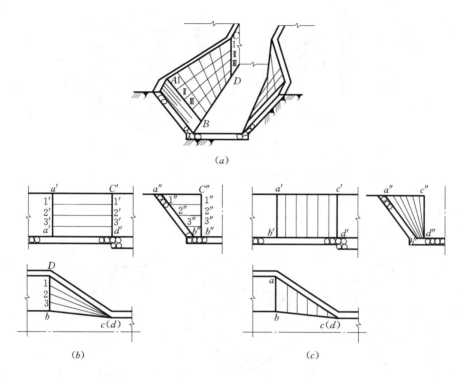

8.10

内扭面的
形成 1

8.11

内扭面的
形成 2

图 8.25 渠道中的扭面的画法

（1）扭面的形成。一直母线沿两交叉直导线移动，且始终平行于一个导面，所形成的曲面称为扭面。画图时，不仅要画出其导线、曲面边界线及外形轮廓线的投影，一般还要用细实线画出若干素线的投影。

（2）扭面的画法。扭面经常用于水闸、船闸或渡槽与渠道的连接处。如图 8.25（a）所示，渠道两侧边坡是斜面，水闸侧墙面是直立的，为使水流平顺，在连接处采用了扭面。图中画出了它的两组素线，一组为水平线，一组为侧平线。图 8.25（b）、（c）为连接段的投影图。图 8.25（b）上画出了水平素线，图 8.25（c）上画出了侧平素线。

在水利工程图中，习惯于在俯视图上画出水平素线的投影，在左视图上画出侧平素线的投影，而在正视图（剖视）上不画素线，只写"扭曲面"或"扭面"，如图 8.26（a）所示。

在实际工程中，这种翼墙不仅迎水面做成扭面，其背水（挡土）面也做成扭面，如图 8.26（a）中的 EFHG 面，其导面与迎水面的导面相同。图 8.26（b）单独画出了背水曲面的投影图及立体图。施工时，往往需要画出这种翼墙的断面图，图 8.26（c）示出了 1—1 断面图的画法。因剖切平面为侧平面，平行于导面，所以它与翼墙迎水面及背水面的交线都是直线。

8.12

扭面的视图

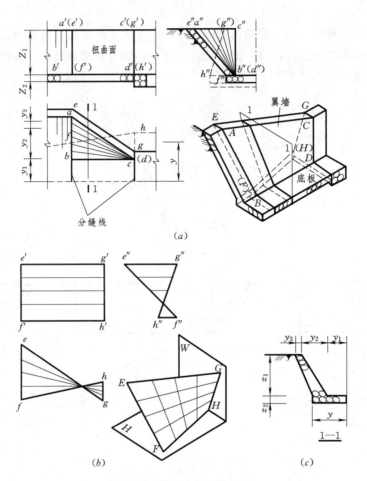

图 8.26　翼墙中扭面的画法

8.4　水工图的尺寸标注

　　对水工建筑物的尺寸标注既应适应其形体构造的特点，又应满足设计、施工的要求。在第 1 章和第 6 章已介绍尺寸标注的基本规定和方法，本节将讨论水工图的尺寸标注。

8.4.1　基准面和基准点

　　水利工程是建造在地面上的，通常是根据测量坐标系所建立的施工坐标系来确定各个建筑物在地面上的位置。施工坐标系一般是由三个互相垂直的平面构成的一个三维空间坐标体系。

　　第一个坐标面是水准零点的水平面，称为高度基准面，它由国家统一规定。我国各地区采用的水准零点是不同的，有吴淞零点、废黄河零点、塘沽零点、珠江零点、青海零点等。工程图中一般应说明所采用的水准零点名称。

　　第二个坐标面是垂直于水平面的平面，称为设计基准面。大坝一般以通过坝轴线的铅垂面为设计基准面，水闸和船闸一般以通过闸中心线的铅垂面为设计基准面，码头工程一般以通过码头前沿的铅垂面为设计基准面。

第三个坐标面是垂直于设计基准面的铅垂面。

三个坐标面的交线是三条相互垂直的直线，是单个建筑物所采用的坐标轴。在图上只需用两个基准点来确定设计基准面的位置，其余两个基准面即隐含在其中。图 8.27 为大坝和电站的平面布置图，其基准点 A（$x=253252.48$，$y=68085.95$）、B（$x=253328.06$，$y=68126.70$）即确定了坝轴线和设计基准面的位置。x、y 坐标值由测量坐标系测定，一般以米为单位。

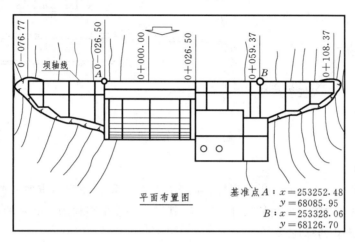

图 8.27 里程桩号表示

8.4.2 高度尺寸的标注

水工建筑物施工过程中，其主要表面的高度是通过水准测量测得的，因此在水工图中对其应通过标注高程（又称标高）来表示，次要表面的高度则通过标注相对高度来确定。

1. 标高的注法

标高由标高符号及标高数字两部分组成，如图 8.28（a）所示。

（1）标高符号。在立面图和铅垂方向的剖视图、剖面图中，标高符号一般采用如图 8.28（a）所示的等腰直角三角形，用细实线绘制，高度约为数字高度的 2/3。标高数字一律注写在标高符号的右边，如图 8.28（e）中的高程 "21.150" 及 "21.650" 等。

在平面图中，标高符号是用细实线绘制的矩形线框，标高数字注写在其中，如图 8.28（b）所示。当图形较小时，可将符号引出绘制，如图 18.28（f）、（g）所示。

（2）标高数字。标高数字一律以米为单位，注写到小数点以后第三位，在总布置图中，可注写到小数点后第二位。零点标高注写成 ±0.000 或 ±0.00；正数标高数字前一律不加 "+" 号，如图 8.28 中的 "27.850" "111.500" 等；负数标高数字前必须加 "-" 号，如 "-1.250" "-5.80" 等。

（3）水面标高（水位）的注法。水面标高的注法与立面图中注标高相类似，区别在于需在水面线下画三条渐短的细实线，如图 8.28（e）中的标高尺寸 "27.850"。特征水位应在标注水位的基础上加注特征水位名称，如图 8.28（d）中的 "正常蓄水位"。

8.15 ▶

标高的注法

8.16 ▶

水面标高

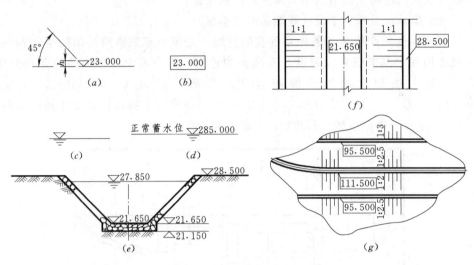

图 8.28　标高的注法

2. 高度的标注

对建筑物的次要表面，仍采用标注高度的方法，即标注它与重要表面的高差。如附图 1 纵剖视图中铺盖齿墙的尺寸"50"，其尺寸基准是高程为 4.000 的铺盖顶面。

8.4.3　平面尺寸的标注

标注平面尺寸的关键是选好长、宽尺寸基准。当建筑物在长度或宽度方向对称时，应以对称轴线为基准，如附图 1 所示进水闸的宽度方向尺寸基准为其对称轴线。当建筑物的某一方向无对称轴线时，则以建筑物主要结构的端面为基准，如附图 1 中进水闸长度方向尺寸以闸室底板上游端面为基准。

8.4.4　桩号的注法

对于坝、隧洞、渠道等较长的水工建筑物，沿轴线的长度尺寸一般采用"桩号"的注法，标注形式为 $k+m$，k 为千米数，m 为米数，如图 8.27 所示。起点桩号注成 0+000，起点桩号之后，是 k、m 为正值，起点桩号之前，k、m 为负值。桩号数字一般沿垂直于轴线方向注写，且标注在同一侧。

当同一图中几种建筑物采用"桩号"标注时，可在桩号数字之前加注文字以示区别，如坝 0+021.00、洞 0+018.30 等。

8.4.5　非圆曲线的尺寸注法

图 8.29 为非圆曲线尺寸标注举例。其中溢流坝面为非圆曲线，标注时一般将非圆曲线上各点的坐标值列表表示，如图中表格"坝面曲线坐标值"所示。

8.4.6　简化注法

（1）多层结构尺寸的注法。多层结构尺寸可于引出线上标注，引出线必须垂直通过被引的各层应按结构的层次注写文字和尺寸。如图 8.30 所示。

（2）均匀分布的相同构件或构造，可简化标注。如附图 1 所示，进水闸平面图尺寸"10×100"表示排水孔的横向间距有 10 个，间距值为 100cm。

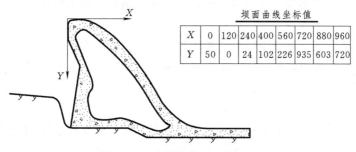

坝面曲线坐标值								
X	0	120	240	400	560	720	880	960
Y	50	0	24	102	226	935	603	720

图 8.29　非圆曲线尺寸的注法

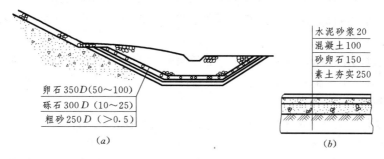

（a）　　　　　　　　　　　（b）

图 8.30　多层结构尺寸的注法

8.4.7　尺寸齐全与重复尺寸

水工建筑物的施工是分阶段进行的，水工图中要求注出全部分段尺寸，还应标注总体尺寸，这样封闭尺寸链式的标注不但是允许的，也是需要的。当一个建筑物的几个视图不能画在同一张图纸上，或虽画在同一张图纸上但相距较远时，为便于读图，允许标注重复尺寸。

8.5　水工图的阅读

在设计、施工、科研、学习等活动中都要求水利工程技术人员具有熟练阅读水工图的能力。

8.5.1　阅读水工图的要求

（1）通过看枢纽布置图了解：枢纽的地理位置，该处的地形和河流状况，各建筑物的位置和主要尺寸，建筑物之间的相互关系。

（2）通过看结构图了解：各建筑物的名称、功能、工作条件、结构特点，建筑物各组成部分的结构形状、大小、作用、材料和相互位置，附属设备的位置和作用等。

（3）进行归纳总结，以便对水利枢纽（或水工建筑物）有一个完整、全面的了解。

8.5.2　阅读水工图的方法步骤

基于水工图内容广泛，大至水利枢纽的平面布置，小到结构细部的构造都需表达；视图数量多且视图之间常不能按投影关系放置；图样所采用的比例多样且变化幅度大（如从 1：500～1：5）；专业性强且涉及《水利水电工程制图标准》或《港口工程制图标准》的内容多等方面特点，阅读水工图一般宜采用以下的方法步骤。

1. 概括了解

看有关专业介绍、设计说明书。按图纸目录，依次或有选择地对图纸进行粗略阅读。分析水工建筑物总体和分部采用了哪些表达方法；找出有关视图和剖视图之间的投影关系；明确各视图所表达的内容。

2. 深入阅读

概括了解之后，还需要进一步仔细阅读，其顺序一般是由总体到分部、由主要结构到其他结构、由大轮廓到小局部，逐步深入。读水工图时，除了要运用形体分析法和线面分析法外，还需知道建筑物的功能和结构常识，运用对照的方法，如平面图、剖视图、立面图对照着读，整体和细部对照着读，图形、尺寸、文字对照着读等。

3. 归纳总结

最后通过归纳总结，对建筑物（或建筑群）的大小、形状、位置、功能、结构特点、材料等有一个完整和清晰的了解。

8.5.3 读图举例

8.20 ▶

识读进水闸
结构图

【例8.1】 识读进水闸结构图（参见附图2和附图3）。

解 第一步：概括了解。

（1）水闸的作用。水闸建造于河道或渠道中，安装有可以启闭的闸门。开启闸门即开闸放水；关闭闸门则可挡水，抬高上游水位；调节闸门开启的大小，可以控制过闸的水流量。因此，水闸的作用可以概括为：控制水位、调节流量。

（2）水闸的组成部分。图8.31所示为某水闸的立体示意图。

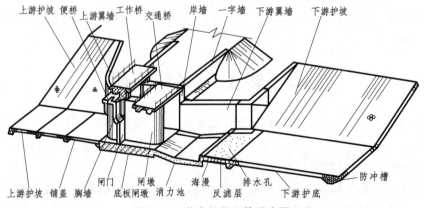

图8.31 某水闸的立体示意图

第二步：深入阅读。

水闸由上游连接段、闸室、下游连接段三部分组成，现结合图8.31将水闸各部分的结构及作用介绍如下：

（1）闸室。水闸中闸墩所在的部位为闸室。闸室是水闸的主体，闸门即位于其中。

1）组成。闸室由底板、闸墩、岸墙、胸墙、闸门、交通桥、工作桥、便桥等组成。

2）作用。闸室是水闸直接起控制水位、调节流量作用的部分。

（2）上游连接段。图8.31中闸室以左的部分为上游连接段。

1）组成。上游连接段由上游护坡、上游护底、铺盖、上游翼墙等组成。

2）作用。上游连接段的作用主要有三点：一是引导水流平稳进入室闸（顺流）；二是防止水流冲刷河床（防冲）；三是降低渗透水流对水闸的不利影响（防渗）。

（3）下游连接段。图 8.31 中闸室以右的部分称为下游连接段。

1）组成。下游连接段由下游翼墙、消力池、下游护坡、海漫、下游护底及防冲槽等组成。

2）作用。下游连接段的主要作用是消除出闸水流的能量，防止其对下游河床的冲刷，即防冲消能。图 8.31 海漫部分设置排水孔是为了排出渗透水。为了使排出的渗透水不带走海漫下部的土粒，在排水孔下面铺设粗砂、小石子等进行过滤，称为反滤层。

读图（附图 2 和附图 3）：

（1）概括了解。阅读标题栏和说明，建筑物名称为"进水闸"，是渠道的渠首建筑物，作用是调节进入渠道的灌溉水流量，由上游连接段、闸室、下游连接段三部分组成。图中尺寸高程以米计，其余均以厘米为单位。

（2）分析视图。为表达进水闸的主要结构，共选用平面图、进水闸剖视图、上下游立面图和七个剖面图。其中前三个图形表达进水闸的总体结构，剖面图的剖切位置标注于平面图中，它们分别表达上下游翼墙、"一"字形挡土墙、岸墙、闸墩的剖面形状、材料以及岸墙与底板的连接关系。

平面图采用了省略画法，只画出了以进水闸轴线为界的左岸。闸室部分采用了拆卸画法，略去交通桥、工作桥、便桥和胸墙。

进水闸剖视图系沿闸孔中心水流方向剖切，故可称为纵剖视图。

上下游立面图为合成视图。

（3）分析形体。分析了视图表达的总体情况之后，读图就进入分析形体的关键阶段。对于进水闸，宜从水闸的主体部分闸室开始进行分析识读。

首先从平面图中找出闸墩的视图。借助于闸墩的结构特点，即闸墩上有闸门槽、闸墩两端曲面形状利于分水，先确定闸墩的俯视图。结合 $H-H$ 剖面图并参照岸墙的正视图，可想象出闸墩的形状是两端为半圆头的长方体，其上有两个闸门槽，偏上游端的是检修门槽，另一个为主门槽，闸墩顶面左高右低，分别是便桥、工作桥和交通桥的基础。闸墩长 1200cm、宽 100cm，材料为钢筋混凝土。

闸墩下部为闸底板，进水闸剖视图闸室最下部的矩形线框为其正视图。结合阅读 $H-H$ 剖面图可知，闸底板结构型式为平底板，长 1200cm、厚 160cm，建筑材料为钢筋混凝土。闸底板是闸室的基础部分，承受闸门、闸墩、桥等结构的重量和水压力，然后传递给地基，因此闸底板厚度尺寸较大，建筑材料较好。

岸墙是闸室与两岸连接处的挡土墙，平面位置、迎水面结构（如门槽）与闸墩相对应。将平面图、进水闸剖视图和 $H-H$ 剖面图结合识读，可知其为重力式挡土墙，与闸墩，闸底板形成"山"字形钢筋混凝土整体结构。

由于"进水闸结构图"只是该闸设计图的一部分。闸门、胸墙、桥等部分另有图纸表达，此处只作概略了解。闸室的主要结构读懂之后，转而识读上游连接段。顺水流方向自左至右先识读上游护坡和上游护底。将进水闸剖视图和上游立面图结合识读，可知上游护坡分为两段，材料分别为干砌块石和浆砌块石，这是由于越靠近闸室水流越湍急，冲刷越烈的缘故。护坡两段各长 600cm。护底左端砌筑梯形齿墙以防滑，块石厚 40cm，下垫黄砂层厚 10cm。

与闸室底板相连的铺盖，长 800cm、厚 40cm，材料为钢筋混凝土。上游翼墙分为两节，其平面布置形式第一节为圆弧形，第二节为"八"字形，结合剖面 A—A、D—D，可知上游翼墙为重力式挡土墙，主体材料为浆砌块石。进水闸剖视图表明，上游翼墙与上游河道坡面有交线（截交线），交线由直线段和平面曲线两部分组成，分别为八字形翼墙和圆弧形翼墙与坡面的交线。圆弧形翼墙的柱面部分画有柱面素线。

采用相同的方法，也可以读懂下游连接段各组成部分，请读者自行分析识读。

第三步：归纳总结。

最后，将上述读图的成果对照总体图综合归纳，想象出进水闸的整体形状。

进水闸为两孔闸，每孔净宽 400cm、总宽 800cm，设计引水位 7.54m，灌溉水位为 7.38m。

上游连接段有干砌块石和浆砌块石护坡、护底，钢筋混凝土铺盖和两节上游翼墙。

闸室为平底板，与闸墩及岸墙的连接为"山"字形整体结构，闸门为升降式闸门，门高 450cm，门顶以上有钢筋混凝土固定式胸墙，闸室上部有交通桥、工作桥、便桥各一座，均为钢筋混凝土结构。

下游连接段中下游翼墙平面布置形式为"反翼墙"式，分三节，均为浆砌块石重力式挡土墙；与闸底板相连的为消力池，长 1200cm、深 100cm，以产生淹没式水跃，消除出闸水流大部分能量；下游护坡、海漫、下游护底分别用浆砌块石、干砌块石护砌，长度分别为 600cm 和 2000cm；海漫部分设排水孔，下铺反滤层；下游护底末端与天然河床连接处有防冲槽。

在读懂进水闸主要部分的形状、结构、尺寸和材料之后，可进一步思考："进水闸结构图"对进水闸哪些部分尚未表达或表达不全，还需要增加哪些视图，现有的视图表达是否得当，有无更好的表达方案？深入的思考有助于加深对工程图样的理解。

【**例 8.2**】 阅读枢纽布置图（参见附图 1 和附图 4）。

解 第一步：概括了解。

8.21 ▶

识读水库枢纽设计图

（1）枢纽的功能及组成。枢纽主体工程由拦河坝和引水发电系统两部分组成。拦河坝包括非溢流坝和溢流坝，用于拦截河流、蓄水和抬高上游水位。溢流坝在高程 81m 以上设弧形闸门，用于上游发生洪水时开启闸门泄流。引水发电系统是利用形成的水位差和流量，通过水轮发电机组进行发电的专用工程，它由进水口段、引水管、蜗壳、尾水管及水电站厂房等组成。

（2）视图表达。本工程由枢纽平面布置图、下游立面图、剖视图（A—A、B—B、D—D）以及断面图（C—C、E—E）表达其总体的布置。图中较多地采用了示意、简化、省略的表示方法。其中：

1）枢纽平面布置图表达了地形、地貌、河流、指北针、坝轴线位置及建筑物的布置。

2）下游立面图表达了河谷断面、溢流坝、非溢流坝和发电站厂房的立面布置和主要高程。

3）剖视图和断面图分别表达了溢流坝和非溢流坝的断面形状和结构布置；引水发电系统和水电站的结构布置。

第二步：深入阅读。

（1）非溢流坝。从枢纽平面布置图和下游立视图看出编号为①、②、③、④、⑦、⑧、⑨、⑩、⑪、⑫、⑬的坝段是非溢流坝，各坝段之间设伸缩缝，从C—C断面图可以看出坝体的断面形状、尺寸大小和结构布置。

从C—C断面图看出坝内设一条检查廊道，一条灌浆廊道，在距上游坝面2m处设一排多孔混凝土管，用于坝身排水；渗透水集中于灌浆廊道，然后抽到下游河中；坝段分缝中设有止水铜片。图8.32是其结构布置的立体图。

（2）溢流坝。溢流坝设在编号为④、⑤、⑥、⑦的四个坝段上。其中④、⑦两段设计成部分溢流的形式，⑤、⑥两段为全溢流形式，坝段分缝设在闸孔的中间处。

8.22

识读浆砌块石矩形渡槽设计图

8.23

识读砌石坝设计图

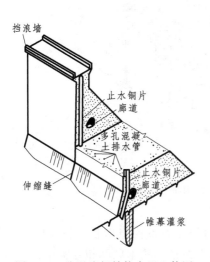

图8.32 非溢流坝结构布置立体图

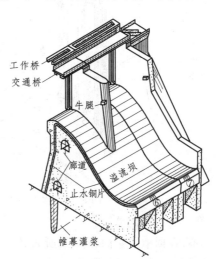

图8.33 溢流坝结构布置立体图

从A—A剖视图可以看出，坝的过水表面做成柱面，柱面的导线由抛物线和三段圆弧连接而成。坝段分缝中止水铜片沿上游面及溢流面弯曲布置。溢流坝上部设有闸墩、闸门、工作桥、牛腿、导水墙及检修门槽等。从闸墩头部断面图可知墩的头部为柱面。闸门、工作桥、启闭机等为坝的附属设备，图中采用示意、省略的表示方法。闸门的极限运动位置采用假想表示方法。

坝内两个廊道的高程分别为83m和67m，与非溢流坝段的高程不同，中间有斜坡相连，其详细情况需阅读廊道结构图。图8.33是溢流坝结构布置的立体图。

（3）引水发电系统。从枢纽平面布置图可知引水发电系统布置在编号为⑧、⑨的坝段。B—B是阶梯剖视，剖切平面通过引水管中心线及水轮机、尾水管中心线；D—D是复合剖视，剖切面由平面和柱面组合而成，它通过引水管和蜗壳的中心线。上述两剖视表达了引水发电系统的结构布置，B—B剖视还反映了坝段的断面形状。在引水系统中，水流经拦污栅进入进水口、引水管、蜗壳、导叶推动水轮发电机组运转。

进水口前设拦污设备，以防杂物流入管道，B—B和D—D剖视表达了引水系统

8.24

水工图的绘制

的结构布置形式,图中采用拆卸表示法,未将拦污栅画出。进水口做成柱面并设置检修门槽和工作门槽。断面为长方形的进水口和断面为圆形的引水钢管之间由渐变段连接。渐变段处设一通气孔直通坝顶,当管道内出现局部真空时,可通过通气管进行补气。$\phi 4600$mm 的引水钢管埋设在坝内,与蜗壳进口端连接。图 8.34 为水电站引水发电系统结构布置情况的立体图。

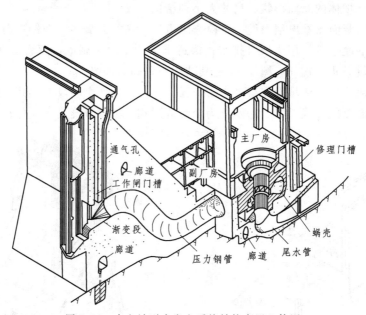

图 8.34 水电站引水发电系统结构布置立体图

第三步:归纳总结。

最后根据枢纽平面布置图所表达的建筑物的相互关系构想出整个枢纽的立体形象;根据 $B—B$ 和 $D—D$ 剖视弄清整个引水发电系统的结构形状和相互关系。

8.6 水 工 图 的 绘 制

8.6.1 画图步骤

(1)根据设计资料及不同设计、施工阶段对图样的要求来分析、确定需表达的内容。

(2)选择最佳视图表达方案。

(3)选择画图所采用的比例,注意按国家标准的规定选用,在表达清楚的前提下,尽量选用较小比例。

(4)布置视图,使各视图在图纸上位置适中。

1)计算各视图所占范围。

2)各视图尽量按投影关系配置。

(5)画底稿。

1)画各视图的作图基准线,即轴线、中心线、主要轮廓线。

2）画图顺序为：先画主要部分，后画次要部分，最后画细部结构。先画特征明显的视图再画其他视图，注意投影规律的应用。

3）标注尺寸。

4）画建筑材料图例。

5）填写标题栏，注写文字说明。

6）检查描深图线。

8.6.2 抄绘水工图的方法

我们在工程制图课中，常采用抄绘水工图这一作业形式，让学生进一步掌握水工图识 读及绘制的基本要求。

（1）基本要求。在不改变建筑物结构及原图表达方案的前提下，另选比例将原图抄绘 于指定图纸上，或再补画少量视图。

（2）抄绘与读图的关系。正确抄绘的基础是读图，只有认真识读原图了解建筑物的主要结构，并弄清各视图间的对应关系，抄绘结果的正确性才有保证。同时还应看到，抄绘的过程又是深入读图的过程。抄绘过程中遇到的每根线、每个尺寸的位置、画法及注写，常涉及一些概念问题，其中有的正是此前读图时忽略或遗漏的问题。因此，为了做到正确抄绘也不仅仅是绘图技能的训练，它是培养、提高水工图识读能力的一种有效的方法。

（3）画图步骤。与上述水工图的画图步骤相同。

8.7 钢 筋 图

按一定的比例将水泥、黄砂、石子和水混合后浇入定形的模板内，经过振捣、养护后即成坚硬如石的混凝土构件。混凝土的抗压能力强，但其抗拉能力较差。为了提高构件的抗拉能力，在混凝土受拉区域内配置一定数量的钢筋，使混凝土和钢筋两种材料凝结成一整体，即成为钢筋混凝土构件。

用钢筋混凝土制成的板、梁、柱构件称为钢筋混凝土结构。主要表达钢筋混凝土结构中钢筋的图样，称为钢筋图。

1. 基本知识

（1）钢筋符号。根据钢筋，混凝土结构设计规范，对国产建筑用钢筋，按其强度等级分为五级。除Ⅰ级钢筋材料为碳素钢、外形为光圆外，Ⅱ、Ⅲ、Ⅳ、Ⅴ级钢筋的材料均为合金钢，外形为带纹（人字纹或螺旋纹）钢筋，强度逐级提高。各级钢筋均有规定的符号，见表8.3。

表 8.3   钢筋代号及强度标准值

种类（热轧钢筋）	代号	直径 d/mm	张度标准值 f_{yk}/(N/mm^2)
HPB235（Q235）	Φ	8～20	235
HRB335（20MnSi）	Φ	6～50	335
HRB400（20MnSiV、20MnSiNb、20MnTi）	Φ	6～50	400
RRB400（K20MnSi）	Φ^R	8～40	400

（2）钢筋的作用和分类。钢筋按其在构件中的作用不同，可分为五类，如图 8.35 所示。

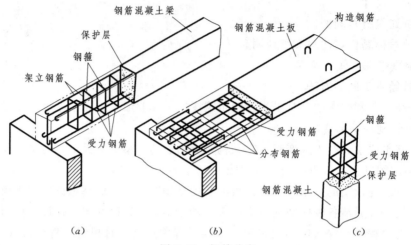

8.25 ▶

钢筋的分类

图 8.35 钢筋分类

1）受力钢筋。主要承受拉、压应力的钢筋，用于钢筋混凝土梁、板、柱中。

2）钢箍。固定受力钢筋的位置，并承受部分斜向应力，用于梁、柱构件中。

3）架立钢筋。用于固定梁内钢箍的位置，至少与两根受力钢筋、钢箍构成钢筋骨架。

4）分布钢筋。用于板内，与板内受力钢筋垂直分布，将承受的外力均匀地传给受力钢筋。

5）构造钢筋。因构造要求或施工安装需要而配置的钢筋。

（3）钢筋端部的弯钩。为了加强钢筋和混凝土的凝聚力，钢筋外形为光圆时，需将其两端加工成弯钩。带纹钢筋两端可不做弯钩。弯钩的常见形式和画法如图 8.36 所示。

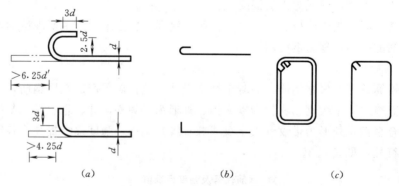

图 8.36 弯钩的常见形式和画法
（a）半圆弯钩；（b）直弯钩；（c）钢箍的弯钩

（4）钢筋的保护层。为保护钢筋以防锈、防火、防腐蚀，钢筋不应外露，即其外皮与构件表面之间应有一定厚度的混凝土，称为钢筋的保护层。保护层的厚度可从有关的设计规范中查得。梁和柱中受力钢筋的保护层通常为 25mm，钢箍为 15mm，分布筋的保护层通常为 10mm 或 15mm。

2. 钢筋图的图示法

钢筋图主要用于表达构件中钢筋的位置、规格、形状和数量，即表达的重点为钢筋，由此形成钢筋图的图示特点。

（1）钢筋图的表达。钢筋图通常由构件立面图、平面图和剖面图等组成。钢筋图一般采用全剖，必要时也可采用半剖、阶梯剖或局部剖等画法。如图 8.37 所示的立面图为半剖视图，图 8.38 所示为局部剖视图。对于配筋较复杂的构件，除上述视图外，通常还有钢筋详图和钢筋表。

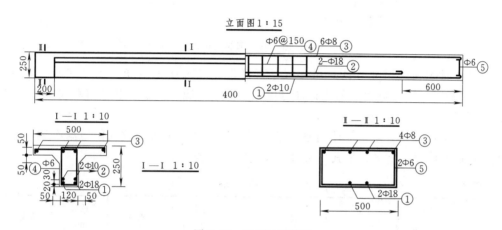

8.26 ▶

T形梁钢筋图

图 8.37　T 形梁钢筋图

（2）钢筋图的图示特点。为了在钢筋图中突出钢筋，钢筋图具有如下特点：①构件的外形用细实线表示，钢筋用粗实线绘制；②在剖面图中，钢筋的截面用小黑圆点表示；③剖视图、断面图中不画混凝土材料图例，将其假想为透明体。以上画法特点，在图 8.37 及图 8.38 中均有充分体现。

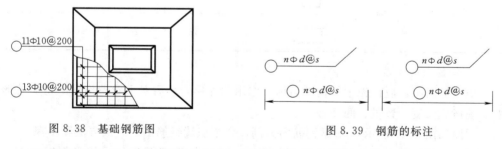

图 8.38　基础钢筋图　　　　　　　图 8.39　钢筋的标注

8.27 ▶

钢筋的标注

（3）钢筋的编号和尺寸标注。为便于读图时区分不同类型、不同尺寸的钢筋，对钢筋应进行编号。每类钢筋（即形状、规格及长度均相同者）只编一个号，编号字体为阿拉伯数字，编号小圆圈和引出线均为细实线，如图 8.39 所示。图 8.39 中，小圆圈内填写钢筋编号数字，"n" 为钢筋的根数，"Φ" 为钢筋的直径和等级代号，"d" 为直径数值，"@" 为钢筋间距的代号，"s" 为钢筋间距的数值。

钢筋编号的顺序应有规律，一般为自下而上，自左至右，先受力钢筋后架立钢筋。

单根钢筋的标注形式如图 8.40 所示。图 8.40 中 "1" 为钢筋总长。由图可知，

8.28 ▶

单根钢筋的标注

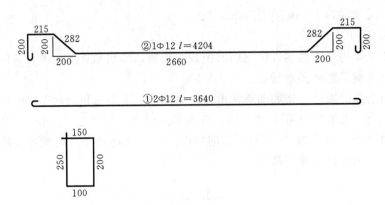

图 8.40 单根钢筋的标注

标注尺寸时无须画尺寸界线、尺寸线，直接将分段长注于钢筋一侧（如图 8.40 中 "215" "282" 等）；弯起部分除标注分段长之外，还应注明水平和垂直距离；弯钩的长度不标注。

（4）钢筋表。为便于统计钢筋用量，编制施工预算，每套钢筋图应附有钢筋表，说明钢筋的编号、直径、形式、根数、长度等，见表 8.4。

表 8.4　　　　　　　　　　钢　筋　表

编号	直径/mm	形　　式	单根长/mm	根数	总长/mm	备注
①	φ18		4184	2	8368	
②	φ10		2990	2	5980	
③	φ8		4184	4	16736	
④	φ6		1270	25	31750	
⑤	φ6		1480	2	2960	

8.29

钢筋图的识读 1

8.30

钢筋图的识读 2

3. 钢筋图的识读

识读钢筋图，应首先了解构件名称、作用和外形，然后着重看懂构件中钢筋的形状、规格、长度、数量、间距等。

下面以图 8.37 所示 T 形梁钢筋图为例，介绍识读钢筋图的一般方法和步骤。

（1）了解构件名称、外形及所用的视图。该构件为 T 形梁，采用半剖视的正立面图和 Ⅰ—Ⅰ、Ⅱ—Ⅱ 剖面图表达。构件外形尺寸为长 4000mm、宽 500mm、高 250mm。

（2）弄清构件中各编号钢筋的位置、规格、形状、数量等，这是识读的重点。方法是从钢筋的编号顺着指引线回找钢筋的投影，并将立面图与剖面图对照阅读。如图 8.37 所示，从立面图可知梁下部有编号为 ① 的钢筋 2 根，Ⅰ 级钢筋，直径 18，对照 Ⅰ—Ⅰ 剖面图可知它位于梁下部前后两角。从立面图还可看出 ① 号钢筋以上有 2 根 ②

号钢筋，直径为10，结合Ⅰ—Ⅰ剖面图可知它前后位置与①号钢筋相同。同法可知⑧号钢筋位于梁的上部，共4根，直径为8。梁中及梁端各有钢箍④和⑤，④号钢箍直径为6，间距为150；⑤号钢箍共2根，梁的两端各有1根，直径为6。

（3）与钢筋表对照。对照读图结果与钢筋表，检查读图结果是否正确。

复 习 思 考 题

8.31 ▶

建筑图的识读

8.1　水工图是用于什么事业的图（　　）。

　　A. 交通事业　　　B. 城市建筑事业　　　C. 水利事业　　　D. 城市给水事业

8.2　地形图是在什么阶段绘制的（　　）。

　　A. 施工　　　　　B. 初步设计　　　　　C. 技术设计　　　D. 勘测

8.3　建筑结构图是在什么阶段绘制的（　　）。

　　A. 规划设计　　　B. 施工设计　　　　　C. 技术设计　　　D. 勘测设计

8.4　下列哪些图是施工阶段绘制的（　　）。

　　（A）地质图　　　B. 枢纽布置图　　　　C. 土坝平面图　　　D. 基础开挖图

8.5　竣工图是在什么阶段绘制的（　　）。

　　A. 施工阶段　　　B. 规划阶段　　　　　C. 竣工阶段　　　D. 初设阶段

8.6　圆柱曲面的素线投影画法是（　　）。

　　A. 从轴线到轮廓线之间，由稀到密地画细实线

　　B. 在曲面的投影范围等分画素线

　　C. 按视图中间密，两边稀画素线

　　D. 按中间稀，两边密画粗实线素线

8.7　圆锥曲面上素线应该是（　　）。

　　A. 不过锥顶　　　B. 通过锥顶　　　　　C. 粗实线　　　　D. 同心圆

8.8　方圆渐变段长度1/2处剖面圆弧半径是（　　）。

　　A. 圆形的半径　　　　　　B. 方形的边长

　　C. 圆形半径的1/2　　　　 D. 圆形半径的1/4

8.9　扭曲面侧面投影上的素线是（　　）。

　　A. 平行于水平面　　　　　B. 平行于侧平面

　　C. 平行于正平面　　　　　D. 一般位置线

8.10　坝体平面布置图上的水流方向应该是（　　）。

　　A. 从左到右　　　B. 从下向上　　　C. 自上而下　　　D. 任意方向

8.11　水闸沿长度方向的剖视是（　　）。

　　A. 横剖视图　　　B. 局部剖视图　　　C. 纵剖面图　　　D. 纵剖视图

8.12　扭曲面边墙中间的剖面形状是（　　）。

　　A. 矩形　　　　　B. 平行四边形　　　C. 菱形　　　　　D. 梯形

8.13　水闸的平面图沿对称线只画一半是（　　）。

　　A. 半剖视图　　　B. 省略画去　　　　C. 纵剖视图　　　D. 全剖视图

8.14 水闸一半画上游半立面，一半画下游半立面的视图是（ ）。

    A. 阶梯剖视 B. 半剖视图   C. 纵向剖视   D. 合成视图

8.15 沿水闸的圆弧中心线剖切开，画出"展开图"的投影方法是（ ）。

    A. 正投影法 B. 平行投影法   C. 柱面投影法   D. 中心投影法

8.16 某水闸平面图上，在中心线两侧一半画有桥，一半没画桥，这是（ ）。

    A. 采用拆卸画法只建半个桥   C. 画图的失误   D. 投影错误

8.17 某水闸平面图上的消力池中排水孔，已经画出几个圆孔，其余的只画出中心线，采用的是什么画法（ ）。

    A. 省略画法 B. 拆卸画法   C. 折断画法   D. 示意画法

8.18 某构件很长，中间系无规律变化，不能省略，比例已确定，图纸长度不够，应采取的画法是（ ）。

    A. 分层画法 B. 折断画法   C. 合成视图   D. 连接画法

8.19 某构件很长，中间系有规律变化或无变化，可以省略，应采取的画法是（ ）。

    A. 折断画法 B. 连接画法   C. 省略画法   D. 示意画法

8.20 某溢流坝的平面图上画出了弧形闸门，应该采用的画法是（ ）。

    A. 地图图例 B. 示意画法   C. 详图画法   D. 拆卸画法

8.21 水闸纵剖视中，剖切平面剖到了闸墩，闸墩应该按什么画（ ）。

    A. 剖面图   B. 剖视图   C. 不受剖画法   D. 立面图

8.22 隧洞的桩号 0+000 应该标注在什么位置（ ）。

    A. 尾端   B. 中间   C. 闸门槽   D. 始端

8.23 等高线上标注高程时，字头方向应该是（ ）。

    A. 向上   B. 向左

    C. 向地形高处   D. 与尺寸数字规定相同

8.24 在标注反滤层尺寸时，指引线垂直层面，应该怎样标注（ ）。

    A. 层面间厚度反向标注   B. 按顺序标注层厚，材料，规格

    C. 注封闭尺寸   D. 注重复尺寸

8.25 配筋图采用的投影方法是（ ）。

    A. 中心投影法   B. 正投影法

    C. 轴测投影法   D. 斜投影法

8.26 钢筋混凝土结构剖面图上应该（ ）。

    A. 画材料符号   B. 把结构轮廓画成粗实线

    C. 把钢筋投影画成虚线   D. 把结构轮廓画成细实线

第9章 计算机绘图简介

1. 教学目标和任务

（1）了解工程图的基本组成。

（2）掌握二维绘图、二维编辑。

（3）掌握绘图环境设置、图层设置、图案填充、文本输入、创建尺寸标注。

（4）了解三维绘图的基本绘制命令和编辑命令。掌握实体造型和曲面造型的方法。

（5）了解图块、外部参照、设计中心、图形输出与数据交换。

（6）掌握独立完成完整的工程图的绘制和图形输出，并按标准和规范进行工程图绘制的能力。

2. 教学重点和难点

（1）教学重点：基本绘图命令的使用方法及平面图形的画法；尺寸的标注与编辑；绘制简单三维实体。

（2）教学难点：绘图环境的设置，图层设置和尺寸标注。

3. 岗课赛证要求

掌握计算机绘图基本功能，具备计算机专业绘图能力。

目前计算机绘图已广泛应用于各行各业。在企业管理中，用以绘制各种形式的统计表；在生产和设计中，用以绘制各种生产用图，如零件图、装配图、展开图、轴测图、透视图、地形图、管路图、房屋建筑图、电子工程图等；在航空、造船、气象等部门也有了自己的图形系统；在科研工作中用以绘制由计算、实验、测量等手段获得的数据分析图；此外，还能用于图案设计、服装剪裁、造型设计，以及艺术绘图等。

9.1 计算机绘图概述

9.1.1 微型计算机绘图系统简介

常见微型计算机系统的设备（硬件）由以下几部分组成。

（1）主机：其功能是储存数据、程序和指令，进行运算、数据处理、控制外部设备等。

（2）显示器：用以显示字符、数据、程序和图形。

（3）键盘：用以输入数据、程序和指令，是实现人机对话的主要工具。

（4）数字化仪和鼠标器：用以输入图形数据及指令。

（5）绘图仪：用以绘制图形。

（6）打印机：用以打印程序、数据及图形。

9.1.2　计算机绘图方法

计算机绘图常有两种方法：

（1）用高级语言编程序绘图。这种绘图方法称为被动绘图或静态绘图，它是将用高级语言编写的绘图程序输入计算机，经编译、联接，输出目的程序，再由绘图机执行目的程序输出图形。在绘图过程中人们无法进行干预，这种方法在早期绘图中经常使用。

（2）由绘图软件包绘图。这种绘图方法称为交互式绘图或动态绘图。它主要是通过调用绘图命令在屏幕上进行绘图，并可随时对图形进行编辑，当图形满意后，再由绘图机输出，这是一种目前广泛应用的方法。本章仅介绍这种绘图方法。

9.2　绘图软件 AutoCAD 简介

AutoCAD 绘图软件是美国 Autodesk 公司推出的一个通用的计算机辅助设计软件包，CAD 是 Computer Aided Design 的缩写，计算机绘图是 CAD 的基础之一，它建立在图形学、应用数学和计算机科学三者的基础上，具有很强的二维作图编辑功能，也具有一定的三维功能，由于它易于使用、适应性强（可用于机械、水工、建筑、电子等许多行业）、易于二次开发，故成为当今世界上应用最广泛的图形软件。AutoCAD 是 1982 年推出的，经过多次修订，现有许多版本。

9.2.1　AutoCAD 的主要功能

AutoCAD 是一种通用的计算机辅助设计软件，它能根据用户的指令迅速而准确地绘制出所需要的图形，具有易于校正错误以及大量修改图形而无须重新绘制的特点，并能输出清晰、准确的图纸。它是手工根本无法比拟的一种高效绘图工具。它具有绘图功能、编辑功能、图形显示及输出功能、高级扩展功能等。

9.2.2　AutoCAD 2022 的工作界面

AutoCAD 2022 默认的工作界面如图 9.1 所示，主要包括标题栏、下拉菜单、绘图区、命令提示区、状态栏、"标准"工具栏、"对象特性"工具栏、"绘图"工具栏、"编辑"工具栏、滚动条及窗口控制按钮等，具体的操作方法与 Windows 的对应操作

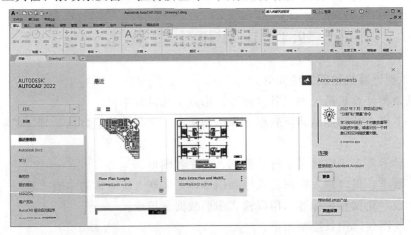

图 9.1　AutoCAD 2022 工作界面

相同。与 Windows 的其他应用程序一样，在 AutoCAD 2022 中，用户可以根据需要安排工作界面。

9.2.3 AutoCAD 2022 基本绘图命令

1. 用 LINE 命令画直线

功能：该命令用于画直线。

(1) 输入命令。

★在"绘图"工具栏单击"直线"按钮 ／。

★从下拉菜单选取"绘图"→"直线"命令。

★从键盘输入：L。

(2) 命令操作。

命令：（用上述方法之一输入命令）——后边简称输入命令

line 指定第一点：（给起始点）（用鼠标给出第 1 点）

指定下一点或〔放弃（U）〕：@−20，−38✓（用相对直角坐标给出 2 点）

指定下一点或〔放弃（U）〕：80✓（用直接距离给出 3 点）

指定下一点或〔闭合（C）/放弃〕：@−20，38✓（用相对直角坐标给出 4 点）

指定下一点或〔闭合（C）/放弃〕：✓（按回车键结束或选择右键菜单的"确定"项，结果如图 9.2 所示）

若在上一提示行输入 C✓（首尾封闭并结束命令，如图 9.2 所示）

命令：（表示该命令结束，处于接受新命令状态）

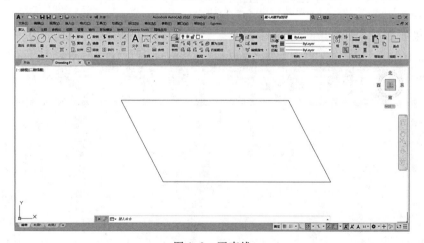

图 9.2 画直线

说明：

① 在"指定下一点或〔放弃（U）〕"或"指定下一点或〔闭合（C）/放弃（U）〕"提示若输入"U"，将擦去最后画出的一条线，并继续同样的提示。

② 用 LINE 命令所画折线中的每一条直线都是一个独立的实体。

2. 用 CIRCLE 命令画圆

功能：该命令按指定的方式画圆。AutoCAD 提供了 5 种画圆方式：①给定圆心、半径（CEN，R）画圆；②给定圆心、直径（CEN，D）画圆；③给定圆上两点（2P）画圆；④给定圆上三点（3P）画圆；⑤选两个相切目标并按指定半径（TTR）画圆。

（1）输入命令。

★在"绘图"工具栏单击"圆"按钮 。

★从下拉菜单选取"绘图"→"圆"命令，然后从级联子菜单中选一种画圆方式。

★从键盘输入：C。

（2）命令操作。用默认项画圆，从工具栏中输入命令比较方便；用非默认项画圆，从下拉菜单输入命令比较方便。从下拉菜单输入命令后，出现级联子菜单，直接选取画圆方式，AutoCAD 会按所选方式依次出现提示，依次给出应答即可，不必选项。

1）给定圆心、半径（CEN，R）画圆（默认项）。

命令：（从工具栏输入命令）

circle 指定圆的圆心或〔三点（3P）/两点（2P）/相切、相切、半径（T）〕：（给圆心）

指定圆的半径〔直径（D）〕〈30〉：给半径值或拖动

命令：

2）三点（3P）方式画圆。

命令：（从下拉菜单选取"绘图"→"圆"→"三点"命令）

3P 指定圆的第一点：（给圆上第 1 点）

指定圆的第二点：（给圆上第 2 点）

命令：

结果如图 9.3 所示。

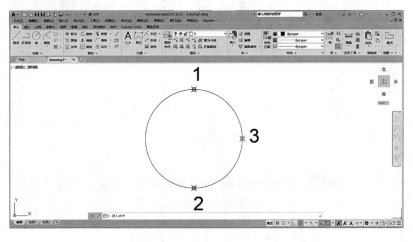

图 9.3 用三点方式画圆

3）两点（2P）方式画圆。

命令：（从下拉菜单选取"绘图"→"圆"→"两点"命令）

2P 指定圆直径的第一点：（给直径线上第 1 点）

指定圆直径的第二点：（给直径线上第 2 点）

命令：

4）给定圆心、直径（CEN，D）画圆。

命令：（从下拉菜单选取"绘图"→"画圆"→"圆心、直径"命令）

circle 指定圆心或〔三点（3P）/两点（2P）/相切、相切、半径（T）〕：（给圆心，然后在绘图区单击鼠标右键，从弹出的右键菜单中选择"直径"项）

d 指定圆的直径，〈当前值〉：（给直径）

命令：

5）切、切、半（TTR）方式画圆。

命令：（从下拉菜单选取"绘图"→"画圆"→"切、切、半"命令）

ttr 在对象上指定一点作圆的第一条切线：（指定第一个相切实体）

　　在对象上指定一点作圆的第二条切线：（指定第二个相切实体）

　　　指定圆的半径〈当前值〉：（给公切圆半径）

命令：

结果如图 9.4 所示。

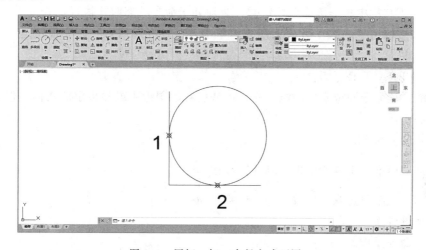

图 9.4　用切、切、半径方式画圆

说明：

①以上所述只是常用的操作方法，还可以通过键盘输入命令及选项完成画圆操作。在使用键盘输入选项时，仅需输入选项提示中的大写字母部分。

②当有多个选项时，默认选项可以直接操作，不必选择。其他选项必须先选择，再进行相应操作。

③画公切圆选相切目标时，选目标的小方框要落在实体上并靠近切点，切圆半径应大于两切点距离的二分之一。

④下拉菜单中还有一项"三切点"画圆方式，用这种方式可画出与 3 个实体相切的圆。

9.2.4　删除命令

在手工绘图中，使用橡皮是不可避免的。用计算机绘图也会出现多余的线条或操作的错误，下面几个命令有删除或取消功能。

1. 用 U 命令退回

功能：U 命令用来取消上一条命令，把上一条命令中所画的线条或所做的修改全部删除。

（1）输入命令。

★在"标准"工具栏单击"退回"按钮 。

★从下拉菜单选取"编辑"→"取消"命令。

★从键盘输入：U。

（2）命令操作。

命令：U↙（立即取消上一个命令的操作）

如果连续按回车键或用鼠标左键连击该命令按钮，将依次向前取消命令，直至起始状态。

说明：

① 从工具栏中单击该命令按钮时，必须处于命令状态时才执行。

② 如多取消了一次，可从工具栏中单击"——（返回）"命令按钮返回，且只能返回一次。

2. 用 ERASE 命令删除

功能：该命令同橡皮的功能一样，可从已有的图形中删除指定的实体，但只能删除完整的实体。

（1）输入命令。

★在"标准"工具栏单击"删除"按钮 ✎。

★从下拉菜单选取"修改"→"删除"命令。

★从键盘输入：E。

（2）命令操作。

命令：（输入命令）

选择对象：（选择需删除的实体）

选择对象：（继续选择需删除的实体或按回车键结束）

命令：

说明：当提示行出现"选择对象"：时，AutoCAD 处于让选择目标状态，此时屏幕上"十"字光标变成一个活动的小方框"□"，这个小方框叫做"目标拾取框"。

选择目标的 3 种默认方式为：

1）直接点取方式。该方法一次只选一个实体。在出现"选择对象："提示时，直接移动鼠标，将目标拾取框"□"移到所选择的实体上并单击鼠标左键，该实体变成虚像显示即被选中。

2）W 窗口方式。该方式选中完全在窗口内的实体。在出现"选择对象："提示时，先给出窗口左下角点，再给出窗口右上角点，完全处于窗口内的实体变成虚像显示即被选中。

3）C 交叉窗口方式。该方式选中完全和部分在窗口内的实体。在出现"选择对象："提示时，先给出窗口右上角点，再给出窗口左下角点，完全处于窗口内的实体变成虚像显示即被选中。

注意：各种选取目标的方式可在同一命令中交叉使用。

3. 用 REDRAW 命令重画

功能：该命令对当前视口的图形快速重画，消除屏幕上的所有残余光标点，并使由于执行删除命令所造成的应显示而没显示的图形复原。

（1）输人命令。

★在"标准"工具栏单击"重画"按钮。

★从下拉菜单选取"视图"→"重画"命令。

★从键盘输入：R。

（2）命令操作。

命令：R ↙（输入命令并确定后，屏幕将立刻重画并结束命令）

9.2.5 常用绘图命令

1. 用 XLINE 命令画无穷长直线

功能：该命令用于画辅助线（常用于画图架线），可按指定的方式和距离画一条或一组无穷长直线。

（1）输人命令。

★在"绘图"工具栏单击"无穷长直线"按钮。

★从下拉菜单选取"绘图"→"结构线"命令。

★从键盘输入：XLINE。

（2）命令操作。

1）指定两点画线（默认项）。该选项可画一条或一组穿过起点和各通过点的为无穷长直线，其操作如下：

命令：（输入命令）

指定点或［水平（H）/垂直（V）/角度（A）二等分（B）/偏移（O）]：（给起点）

指定通过点：（给通过点，画出一条线）

指定通过点：（给通过点，再画一条线或按回车键结束）

命令：

2）画水平线（选"H"）。该选项可画一条或一组穿过起点并平行于 X 轴的结构线，其操作如下：

命令：（输入命令）

指定点或［水平（H）/垂直（V）/角度（A）二等分（B）/偏移（O）]：H ↙

指定通过点：（给通过点画出一条水平线）

指定通过点：（给通过再画一条水平线或按回车键结束）

命令：

3）画垂直线（选"V"）。该选项可画一条或一组穿过起点并平行于 Y 轴的结构线，其操作如下：

命令：（输入命令）

指定点或［水平（H）/垂直（V）/角度（A）二等分（B）/偏移（O）］：V✓

指定通过点：（给通过点画出一条铅垂线）

指定通过点：（给通过再画一条铅垂线或按回车键结束）

命令：

4）指定角度画线（选"A"）。该选项可画一条或一组指定角度的无穷长直线，其操作如下：

命令：（输入命令）

指定点或［水平（H）/垂直（V）/角度（A）二等分（B）/偏移（O）］：A✓

指定选项后，按提示先给角度，再给通过点画线。

5）指定三点画角平分线（选"B"）。该选项可通过给定的三点画一条或一组无穷长直线，该直线穿过"1"点，并平分"1"点（顶点）与"2"点和"3"点组成的夹角，如图 9.5 所示。其操作如下：

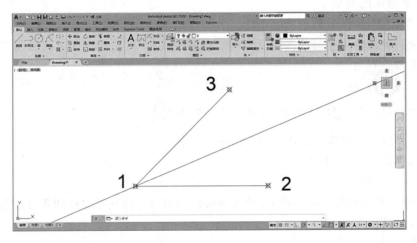

图 9.5 用二等分（B）选项画无穷长直线示例

命令：（输入命令）

指定点或［水平（H）/垂直（V）/角度（A）二等分（B）/偏移（O）］：B✓

选项后，按提示依次给出 3 个点，即画出一条角平分线。按提示若再给点，可再画一条该点与"1"点和"2"点组成的夹角的角平分线（或按回车键结束）。

6）画所选直线的平行线（选"O"）。该选项可选择一条任意方向的直线来画一条或一组与所选直线平行的无穷长直线，其操作如下：

命令：（输入命令）

指定点或［水平（H）/垂直（V）/角度（A）二等分（B）/偏移（O）］：O✓

指定偏移距离或［通过（T）〈20〉：（给偏移距离或选"T"项）

选择：（选择一条无穷长直线或直线）

指定要偏移的边：（指定向哪侧偏移画出一条线）

选择直线对象：（可同上操作再画一条线，也可按回车键结束该命令）

命令：

若在"指定偏移距离或［通过（T）］〈20〉："提示行选"T"项，选项后，出现提示行：

选择直线对象：（选择一条无穷长直线或直线）

指定通过点：（给通过点）

选择直线对象：（可同上操作再画一条线，也可按回车键结束该命令）

说明：在 AutoCAD 所有命令操作中，只要遇到有选项的提示行，就可在绘图区单击鼠标右键弹出右键菜单，其中将显示与提示行相同的内容。可从右键菜单中选择所需项，而不必从键盘输入，以提高绘图速度。

2. 用 ARC 命令画圆弧

功能：该命令按指定方式画圆弧。AutoCAD 提供了 11 个选项来画圆弧：①三点（3P）；②起点、圆心、端点（SCE）；③起点、圆心、角度（SCA）；④起点、圆心、长度（SCL）；⑤起点、终点、角度（SEA）；⑥起点、端点、方向（SED）；⑦起点、端点、半径（SER）；⑧圆心、起点、端点（CSE）；⑨圆心、起点、角度（CSA）；⑩圆心、起点、长度（CSL）；⑪继续（同上次所画直线或圆弧相连）。

上述选项中，⑧、⑨、⑩与②、③、④中的三个条件相同，只是操作命令时的提示顺序不同，AutoCAD 实际提供的是 8 种画圆弧方式。

（1）输入命令。

★在"绘图"工具栏单击"圆弧"按钮 。

★从下拉菜单选取"绘图"→"弧"命令。

★从键盘输入：ARC。

（2）命令操作。

1）三点方式（默认项）。

命令：（使用工具栏输入命令）

指定圆弧的起点或［圆心（CE）］：（给第 1 点）

指定圆弧的第二点或［圆心（CE）/端点（EN）］：（给第 2 点）

指定圆弧的端点：（给第 3 点）

命令：

效果如图 9.6 所示。

2）起点、圆心、端点方式。

命令：（从菜单选择"绘图"→"弧"→"起点、圆心、端点"命令）

指定圆弧的起点或［圆心（CE）］：（给起点 S）

指定圆弧的第二点或［圆心（CE）/端点（EN）］：c 指定圆弧的圆心（给圆心 O）

指定圆弧的端点或［角度（A）/弦长（L）］：（给端点 E）

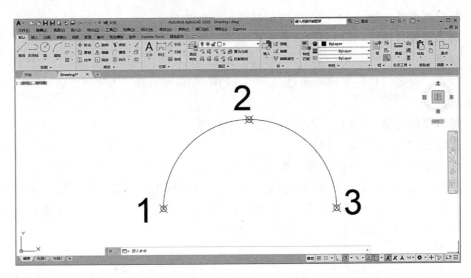

图 9.6 用三点方式画圆弧示例

命令：

以 S 点为起点，O 点为圆心，逆时针画弧，圆弧的终点落在圆心 O 及终点 E 连线上，效果如图 9.7 所示。

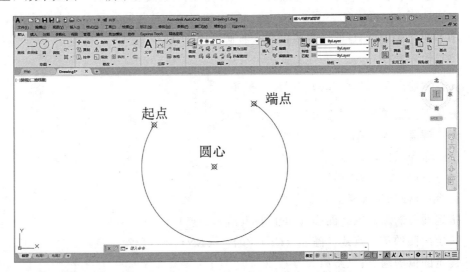

图 9.7 起点、圆心、端点方式画圆弧示例

3）起点、圆心、角度方式。

命令：（从菜单选择"绘图"→"弧"→"起点、圆心、弧心角"命令）

指定圆弧的起点或 ［圆心 (CE)］：（给起点 S）

指定圆弧的第二点或 ［圆心 (CE) /端点 (EN)］：c 指定圆弧的圆心（给圆心 O）

指定圆弧的端点或 ［角度 (A) /弦长 (L)］：指定包含角 150 ↙（给角度）

命令：

以 S 点为起点，O 点为圆心（OS 为半径），按所给弧的包含角度 150°画圆弧。角度为正，表示从起点逆时针画圆弧，效果如图 9.8 所示。

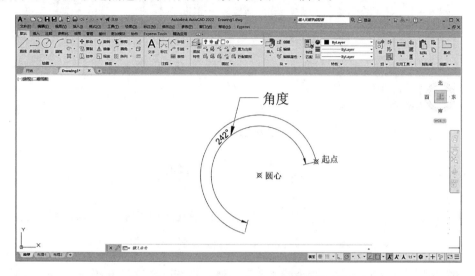

图 9.8　起点、圆心、角度方式画圆弧示例

4）起点、圆心、弦长方式。

命令：（从菜单选择"绘图"→"弧"→"起点、圆心、弦长"命令）

指定圆弧的起点或［**圆心（CE）**］：（给起点 S）

指定圆弧的第二点或［**圆心（CE）/端点（EN）**］：指定圆弧的圆心（给圆心 O）

指定圆弧的端点或［**角度（A）/弦长（L）**］：指定弦长 100 ✓（给弦长）

命令：

这种方式下，都是从起点开始逆时针方向画圆弧。弦长为负值，画大于半圆的圆弧；弦长为正值，画小于半圆的圆弧。效果如图 9.9 所示。

5）起点、端点、角度方式。

命令：（从菜单选择"绘图"→"弧"→"起点、端点、角度"命令）

指定圆弧的起点或［**圆心（CE）**］：（给起点 S）

指定圆弧的第二点或［**圆心（CE）/端点（EN）**］：指定圆弧的端点（给终点 E）

指定圆弧的端点或［**角度（A）/方向（D）/半径（R）**］：指定包含角−150 ✓（给角度）

命令：

所画圆弧以 S 点为起点，E 点为终点，圆弧的包含角为−150°，效果如图 9.10 所示。

6）起点、端点、方向方式。

命令：（从菜单选择"绘图"→"弧"→"起点、端点、方向"命令）

指定圆弧的起点或［**圆心（CE）**］：（给起点 S）

指定圆弧的第二点或［**圆心（CE）/端点（EN）**］：指定圆弧的端点（给终点 E）

指定圆弧的端点或［**角度（A）/方向（D）/半径（R）**］：指定圆弧的起点切向

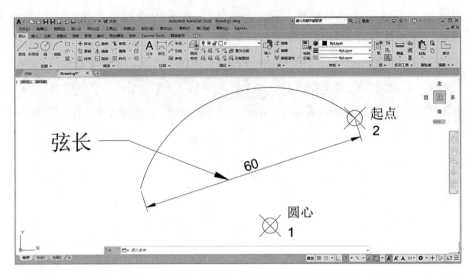

图 9.9　起点、圆心、弦长方式画圆弧示例

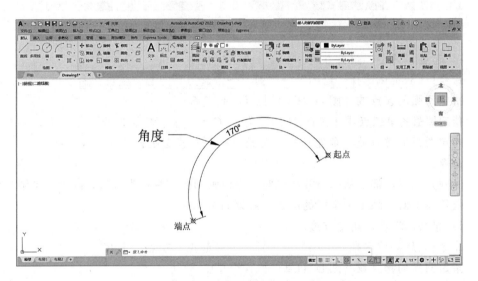

图 9.10　起点、端点、角度方式画圆弧示例

给方向点↙

命令：

所画圆弧以 S 点为起点，E 点为终点，所给方向点与弧起点的连线是该圆弧的开始方向，效果如图 9.11 所示。

7）起点、端点、半径方式。

命令：（从菜单选择"绘图"→"弧"→"起点、端点、半径"命令）

指定圆弧的起点或 [圆心 (CE)]：（给起点 S）

指定圆弧的第二点或 [圆心 (CE) /端点 (EN)]： 指定圆弧的端点（给终点 E）

指定圆弧的端点或 [角度 (A) /方向 (D) /半径 (R)]： 指定圆弧的半径：60↙

命令：

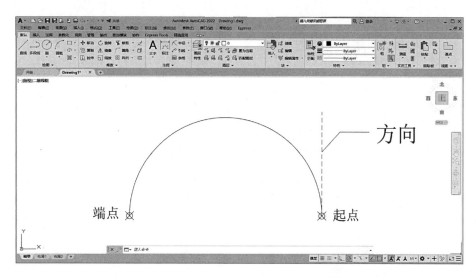

图 9.11 起点、端点、方向方式画圆弧示例

所画圆弧以 S 点为起点，E 点为终点，半径为 20，效果如图 9.12 所示。

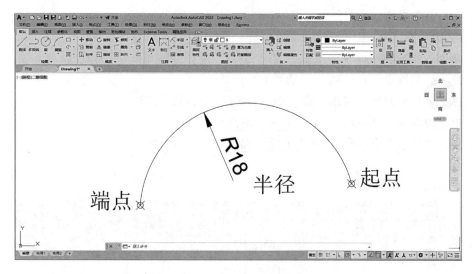

图 9.12 起点、端点、半径方式画圆弧示例

8）用连续方式画圆弧。

如图 9.13 所示，这种方式用最后一次画圆弧或直线（如图中虚线）的终点为起点，再按提示给出圆弧的终点，所画圆弧将与上段线相切。

3. 用 POLYGON 命令画正多边形

功能：该命令按指定方式画 3－1024 边的多边形。AutoCAD 提供了 3 种画正多边形的方式：①边长方式（E）；②内接圆方式（I）；③外切圆方式（C）。

（1）输入命令。

★在"绘图"工具栏单击"正多边形"按钮⬠。

★从下拉菜单选取"绘图"→"多边形"命令。

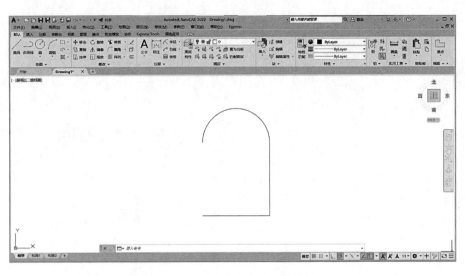

图 9.13 用连续方式画圆弧示例

★从键盘输入：POLYGON。

（2）命令操作。

1）边长方式（E）。

命令： <u>（输入命令）</u>

输入边的数目〈4〉：3↙（给边数）

指定多边形的中心线或［边（E）］：E↙（选边长方式）

指定边的第一个端点： <u>（给边上第 1 端点）</u>

指定边的第二个端点： <u>（给边上第 2 端点）</u>

命令：

效果如图 9.14 所示。

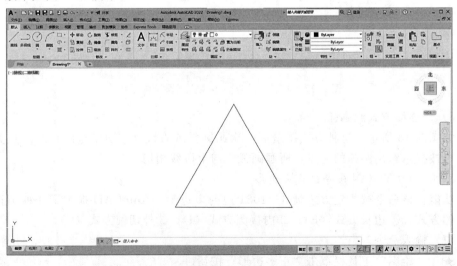

图 9.14 用边长方式画正多边形示例

2）内接圆方式（I）。

命令：（输入命令）

输入边的数目〈3〉：5↙（给边数）

指定多边形的中心线或[边（E）]：（给多边形中心点 O）

输入选项[内接于圆（I）/外接于圆（C）〈I〉]：↙（选默认方式）

指定圆的半径：（给圆半径）

命令：

效果如图 9.15 所示。

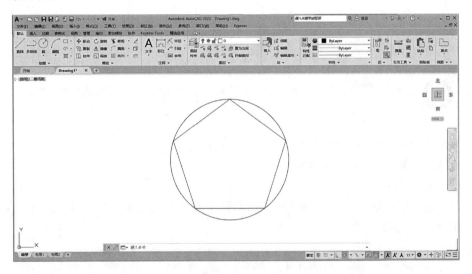

图 9.15　用内接圆方式画正多边形示例

3）外切圆方式（C）。

命令：（输入命令）

输入边的数目〈3〉：6↙（给边数）

指定多边形的中心线或[边（E）]：（给多边形中心点 O）

输入选项[内接于圆（I）/外接于圆（C）〈I〉]：C↙（选 C 方式）

指定圆的半径：（给圆半径）

命令：

效果如图 9.16 所示。

说明：

①用内接圆方式和外切圆方式画正多边形时，圆并不画出。

②用边长方式画多边形时，按逆时针方向画。

4. 用 RECTANG 命令画矩形

功能：该命令可按指定的线宽画矩形，还可画四角是斜角或圆角的四边形。

（1）输入命令。

★在"绘图"工具栏单击"矩形"按钮 ⬜ 。

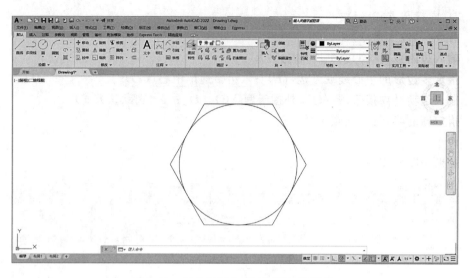

图 9.16 用外切圆方式画正多边形示例

★从下拉菜单选取"绘图"→"矩形"命令。

★从键盘输入：RECTANG。

（2）命令操作。

1）画矩形（默认项）。该选项将按所给两个对角点及当前线宽绘制一个矩形，如图 9.17 所示。其操作如下：

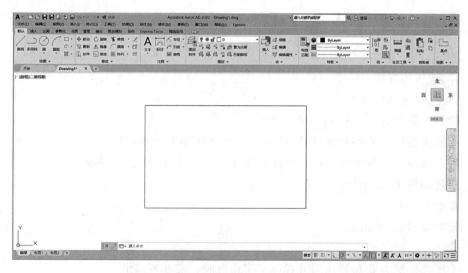

图 9.17 用默认项方式画矩形示例

命令：（输入命令）

指定第一个角或〔倒角（C）/标高（E）/圆角（F）/厚度（T）/宽度（W）〕：（给第 1 点）

指定另一个角点：（给第 2 点）

命令：

2）画有斜角的矩形（选"C"）。该选项将按指定的切角距离，画出一个四角有相同斜角的矩形，如图 9.18 所示。其操作如下：

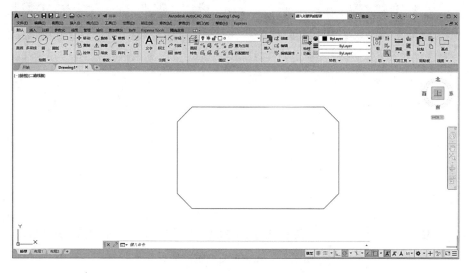

图 9.18 画有斜角的矩形示例

命令：（输入命令）
指定第一个角或〔倒角（C）/标高（E）/圆角（F）/厚度（T）/宽度（W）〕：
C↙

指定矩形的第一个倒角距离〈0.00〉：（给第一倒角距离）
指定矩形的第二个倒角距离〈0.00〉：（给第二倒角距离）
指定第一个角或〔倒角（C）/标高（E）/圆角（F）/厚度（T）/宽度（W）〕：
给矩形第一个对角点

指定另一个角点：（给另一个对角点）
命令：

3）画有圆角的矩形（选"F"）。该选项将按指定的圆角半径，画出一个四角有相同圆角的矩形，如图 9.19 所示。其操作如下：

命令：（输入命令）
指定第一个角或〔倒角（C）/标高（E）/圆角（F）/厚度（T）/宽度（W）〕：
F↙

指定矩形的圆角半径〈0.00〉：（给圆角半径）
指定第一个角或〔倒角（C）/标高（E）/圆角（F）/厚度（T）/宽度（W）〕：
给矩形第一个对角点

指定另一个角点：（给另一个对角点）
命令：

说明：

①若在"指定第一个角点或〔倒角（C）/标高（E）/圆角（F）/厚度（T）/宽度（W）〕："提示行选择"W"项，AutoCAD 将重新指定线宽画出一个矩形。该提

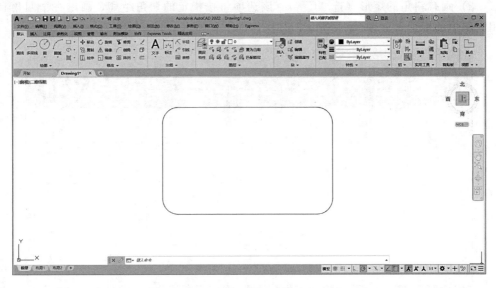

图 9.19　画带圆角的矩形示例

示行中的"E"项用于设置 3D 厚度。

②在操作该命令时所设选项将作为当前设置，下一次画矩形仍遵循上次的设置，直至重新设置。

5. 用 ELLIPSE 命令画椭圆

功能：该命令按指定方式画椭圆并可取其一部分。AutoCAD 提供了 3 种画椭圆的方式：轴端点方式、椭圆心方式和旋转角方式。

（1）输入命令。

★在"绘图"工具栏单击"椭圆"按钮⬭。

★从下拉菜单选取"绘图"→"椭圆"命令。

★从键盘输入：ELLIPSE。

（2）命令操作。

1）端点方式（默认方式）。

定义椭圆与轴的 3 个交点（即轴端点）来画一个椭圆，其操作如下：

命令：（输入命令）

指定椭圆的轴端点或 ［圆弧（A）/中心点（C）］：（给第 1 点）

指定轴的另一个端点：（给该轴上第 2 点）

指定另一条半轴长度或 ［旋转（R）］：（给第 3 点定另一半轴长）

命令：

效果如图 9.20 所示。

2）椭圆心方式（C）。

定义椭圆心和椭圆与两轴的各一个交点（即两半轴长）来画一个椭圆，其操作如下：

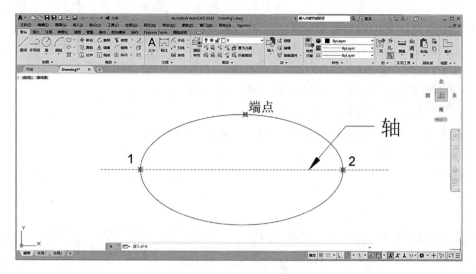

图 9.20　用轴端点方式画椭圆示例

命令：（输入命令）

指定椭圆的轴端点或〔圆弧（A）/中心点（C）〕：C✓（选椭圆心方式）

指定椭圆的中心点：（给椭圆圆心 O）

指定轴的端点：（给轴端点 1 或其半轴长）

指定另一条半轴长度或〔旋转（R）〕：（给轴端点 2 或其半轴长）

命令：

效果如图 9.21 所示。

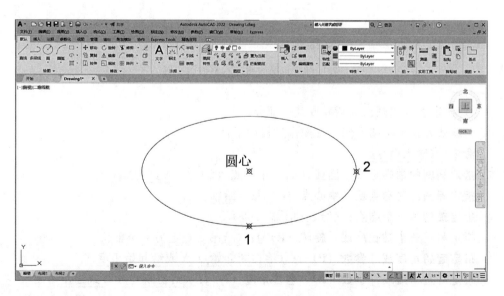

图 9.21　用椭圆心方式画椭圆示例

3）旋转角方式（R）。

该方式是先定义椭圆一个轴的两个端点，然后指定旋转角度来画椭圆。在绕长轴旋转一个圆时，旋转的角度就定义了长轴与短轴的比例。旋转角度值越大，长轴与短轴的比例值越大。如果旋转角度为零，则 AutoCAD 只画一个圆，其操作如下：

命令：（输入命令）

指定椭圆的轴端点或［圆弧（A）／中心点（C）］：（给第 1 点）

指定轴的另一个端点：（给该轴上第 2 点）

指定另一条半轴长度或［旋转（R）］：R↙（选旋转方式）

指定绕长轴旋转：（给旋转角）

命令：

效果如图 9.22 所示。

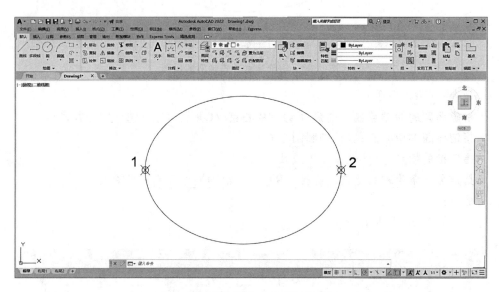

图 9.22　用旋转角方式画椭圆示例

4）按以上方式画出椭圆并取其一部分。

以默认方式画椭圆为例，其操作过程如下：

命令：（输入命令）

指定椭圆的轴端点或［圆弧（A）／中心点（C）］：A↙（选 A 项）

指定椭圆的轴端点或［中心点（C）］：（给第 1 点）

指定轴的另一个端点：（给该轴上第 2 点）

指定另一条半轴长度或［旋转（R）］：（给第 3 点定另一半轴长）

指定起始角度或［参数（P）］：（给切断起始点 A 或给起始角度）

指定终止角度或［参数（P）／包含角度（I）］：（给切断终点 B 或终止角度）

命令：

效果如图 9.23 所示。

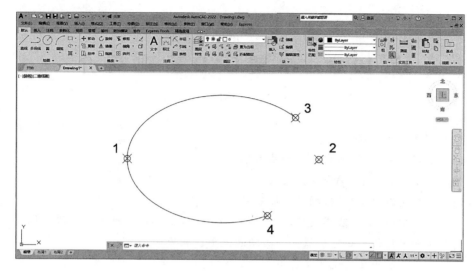

图 9.23　用圆弧选项得部分椭圆示例

上 机 练 习

按下面的指导，练习所学的绘图命令。

1. 用 6 种方式画无穷长直线
2. 用 5 种方式画圆。
3. 用 8 种方式画圆弧。
4. 用 3 种方式画多边形。
5. 画 3 种形式的矩形。
6. 用 3 种方式画椭圆。

第 10 章 中望 CAD 基础简介

1. 教学目标和任务

(1) 了解中望 CAD 基本理论和基本常识。

(2) 熟练掌握中望 CAD 的使用技巧。

(3) 熟练使用中望 CAD 操作界面和功能。

(4) 掌握中望 CAD 绘图技巧，如中望 CAD 命令的各种执行方式、状态栏辅助绘图、坐标系和坐标值，如对象捕捉和极轴的设置、点的坐标输入。

(5) 掌握图层特性的设置及使用。

(6) 掌握目标对象尺寸标注样式的创立及使用。

2. 教学重点和难点

(1) 教学重点：绘制简单的平面图形；图形的编辑命令；尺寸标注。

(2) 教学难点：图形填充；图形的镜像、阵列；块的应用。

3. 岗课赛证要求

具备常见的工程图的识读能力，能熟练利用计算机按照工程制图标准与规范绘制完成常见工程图样。

中望 CAD 2021 是由国内中望公司推出的一款专业强大的 CAD 绘制工具，该软件不仅能完美兼容主流 CAD 文件格式，还拥有良好优秀的运行速度和稳定性，且界面友好易用、操作方便，可很好地帮助用户高效顺畅完成设计绘图，因此备受大家好评。同时，在这里还为用户们提供了 Lisp 调试器、3D Orbit、对象隔离、快速计算器、块属性管理器、图层属性管理器等各种功能强大且高效的工具供用户随意使用，从而即可轻轻松松地帮助用户制作出想要的 CAD 图纸，并为了可以更好地节省用户的工作流程，其中还打造了智能鼠标、智能语音、智能图、智能选择等功能，十分强大。

不得不说的是，全新的中望 CAD 2021 与上个版本相比，中望公司不仅是对其采用了更多先进的多核并行技术以提升平台的运行效率和稳定性，还提供了许多你意想不到的新功能，例如为用户们新增了自定义鼠标动作功能，其功能包括了鼠标双击动作和鼠标按钮动作，因此通过它就可以直接根据用户们的使用习惯或工作需求对鼠标动作进行自定义，这样就可以帮助用户更好地在绘图过程中极大地提升使用体验和工作效率。而且，新的中望 CAD 2021 还在 DATAEXTRACTION 命令通过对话框提取数据的基础上，为大家新增了命令行数据提取方式，也就是说新增了对 DATAEX-TRACTION 命令的支持，用户可以根据命令行提示快速地进行数据提取操作，非常便捷实用。除此之外，在这里还全面优化了文件解析过程、增强多个对象选择与统计的准确性、升级了图形引擎、更好的 4K 显示、多合一参考管理器等等，致力打造出更好的使用体验感，从而有效地提高设计人员的工作效率。作为中望软件主打的二维CAD平台软件，中望CAD 2021除了在运行速度尤其是打开图纸的效率上表现出色外，其具备的性能和绘图功能也受到广大用户的好评。

中望CAD 2021操作界面如图10.1所示。

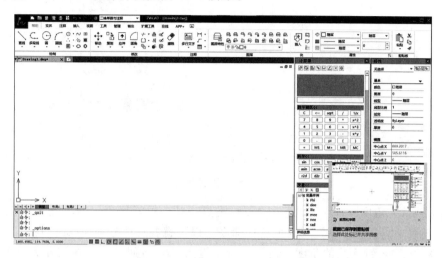

图 10.1 中望 CAD 2021 操作界面

10.1 绘 制 直 线 命 令

10.1.1 命令功能

下拉菜单：[绘图] → [直线]

工具栏：[绘图] → [直线] ![图标]

命令行：Line（L）

Line命令用于绘制二维直线段。用户通过鼠标或键盘来决定线段的起点和终点。当从一个点发出了一条线段后，中望CAD 2021允许以上一条线段的终点为起点，另外确定一点为线段的终点，这样一直作下去，除非按回车键，鼠标右键或Esc键，才能终止命令。

执行画线命令后，用户可以一次画一条线段，也可以连续画多条线段（各线段是彼此独立实体）。直线是由起点和终点来确定的，以通过鼠标或键盘来确定起点和终点。

如果要绘一个闭合的图形，在提示符下直接输入"C"，将最后确定的一点与最初起点的连线形成闭合的折线；输入"U"，则取消上一步操作。如图10.2所示。

需要注意的是，在"指定第一点"提示符后直接按回车键，则中望CAD将上次绘的直线或圆弧的终点作为当前要绘制直线的起点。在中望CAD 2021绘图中，几乎所有要指定的点都可以使用键盘输入坐标值或用十字光标在屏幕上拾取的方法获得。

10.1.2 选项说明

执行Line命令后，中望CAD 2021会提示键入线的起始点；键入起始点后，系

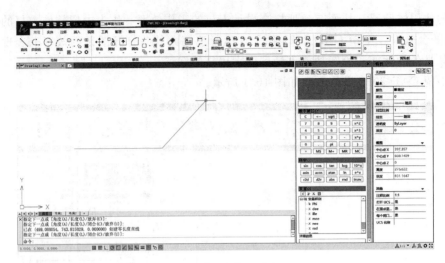

图 10.2　绘制直线

统接着提示："角度（A）/长度（L）/＜终点＞:"，给定终点，回车完成这次命令，或在右键菜单点击"确认"来完成这次命令。以下就各选项分别加以说明：

角度（A）：键入线的角度。在命令行中键入 A，敲回车后系统提示键入线的角度，键入线的角度后则所要画的那条线的角度确定。

长度（L）：键入线的长度。在命令行中键入 L，敲回车后系统提示键入线的长度，键入线的长度后，则所要画的那条线的长度确定。

跟踪（F）：跟踪最近画过的线或弧终点的切线方向，以便沿着这个方向继续画线。

闭合（C）：如果绘制多条线段，最后要形成一个封闭图形时，应在命令行中键入 C，则最后一个端点与第一条线段的起点重合形成封闭图形。

撤消（U）：撤销刚画的线段。在命令行中键入 U，回车，则最后画的那条线段删除。

＜终点＞：回车后，系统默认最后一点为终点。

在绘制直线时，二次菜单栏可提供多种选择。例如，当完成第一根直线后，可以选择长度或方向角，在画完至少一根直线后，可以选择撤消命令，删除刚画的直线；可以在画完直线后，单击完成；在画完两根或更多直线后，可以单击封闭，由第一根线的起点到最后一根线的终点生成一直线。

10.1.3　操作实例

1. 实例 1

绘制四边形，如图 10.3 所示是一个矩形，四条线段首尾相连形成封闭的四边形，其操作如下：

命令：Line（执行 Line 命令）

线的起始点：点取 A 点，如图 10.3 所示

点取 B 点：（水平取第二点）

点取 C 点：（向下取第三点）

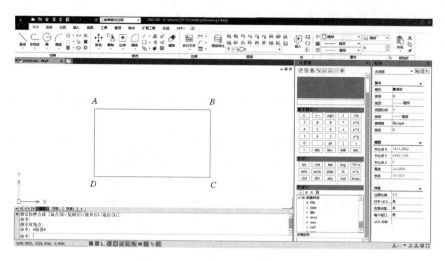

图 10.3 绘制四边形

点取 D 点：（向左取第四点）

C 点、D 点与最初起点 A 连线形成闭合

2. 实例 2

练习画直线命令，熟悉中望 CAD 软件点的输入方法。以图 10.4 为例，是了解掌握相对坐标方式，极坐标方式输入，其实，作六边形可以直接用多边形方式，此处的目的是加深对相对坐标的理解并掌握。

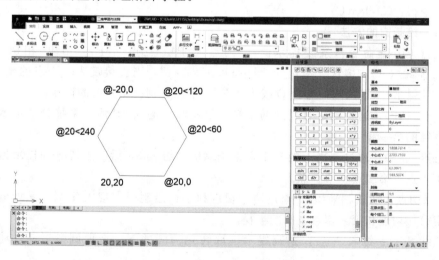

图 10.4 用 line 练习画六边形

命令：$Line$

指定第一点：$20，20$（以坐标方式输入左下点）

指定下一点：$@20，0$（以相对坐标方式输入右下点）

指定下一点：$@20<60$（以极坐标方式输入最右点）

指定下一点：$@20<120$（以极坐标方式输入右上点）

指定下一点：@-20, 0（以相对坐标方式输入左上点）

指定下一点：@20<240（以极坐标方式输入最左点）

指定下一点：c（以 c 形成闭合的折线）

提示：

（1）用 Line 命令绘制的多条线段中，每一条线段都是一个独立的对象，即可以对每一条直线段进行单独编辑。

（2）当上次用 Line 命令绘制结束后，再次执行 Line 命令，在系统提示下直接回车时，则将以上最后绘制的线段或圆弧的终点作为当前线段的起点。

（3）在系统提示下键入三维点的坐标，则可以给制三维直线段。

（4）最后的图元是画弧，还可以画它的切线，起点是弧的终点。命令行输入 Line，回车，在二次菜单栏，单击跟踪然后给定直线长度。

10.2　绘制圆命令

圆是工程图形中另一种常见的基本实体。画圆的基本命令是 Circle，根据圆心、半径、直径和圆上的点等参数绘制。用户要根据不同的已知条件，或指定一点确定所绘圆的圆心位置或输入一个选项，用中望 CAD 2021 所提供的不同方法画圆。

下拉菜单：［绘图］→［圆］

工具栏：［绘图］→［圆］ ◎

命令行：Circle（C）

10.2.1　绘制圆的方法

执行 Circle 命令，系统提示："两点（2P）/三点（3P）/相切-相切-半径（T）//弧线（A）/多次（M）/<圆中心（C）>:"，当直接键入一个点的坐标后，系统继续提示："键入圆的直径 D 或半径 R"。下面分别说明其余的选项：

两点（2P）：通过确定直径的两个端点绘制圆。键入 2P 后，系统分别提示指定圆的直径的第一和第二端点。

三点（3P）：通过圆周上的三个点来绘制圆。键入 3P 后，系统分别提示指定圆上的第一点、第二点、第三点。

T（切点、切点、半径）：通过两个切点和半径绘制圆。键入 T 后，系统分别提示指定第一切点和第二切点及圆的半径。

弧线（A）：键入 A 后，系统提示选取转化为圆的弧，选取圆弧后，自动封闭为圆。

多次（M）：如果准备多次使用要绘制的圆，在执行 Circle 命令后，首先键入 M，然后在选择绘制圆的方法。

在中望 CAD 2021 中，Circle 命令绘制圆的方法具体介绍如图 10.5 所示。

方法 1：圆心半径法。用户指定圆心坐标和圆的半径值即可确定一个圆。

方法 2：圆心直径法。与方法 1 类似，指定圆心坐标和圆的直径即可确定一个圆。

方法 3：三点（3P）法。只要用户指定圆上任意三个点即可确定一个圆。

方法 4：两点（2P）法。用户指定圆的任意一条直径的两个端点即可确定一个圆。

方法 5：相切、相切、半径法。用户需要先选择两个与圆相切的图形对象，然后在指定圆的半径，从而确定一个圆。

方法 6：三切法。用户需选择三个与圆相切的图形对象来确定一个圆。

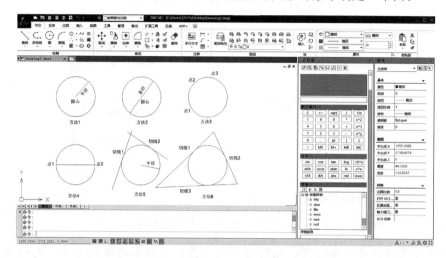

图 10.5　中望 CAD 2021 中绘制圆的方法示意图

注意：在菜单"绘图"→"圆"中包括了以上六种方法的选项。但用户在命令行直接输入 Circle 命令或使用图标时，系统提示："两点（2P）/三点（3P）/相切-相切-半径（T）/弧线（A）/多次（M）/＜圆中心（C）＞："。

提示：在绘图时应根据具体情况进行分析，采用最为便捷、适宜的方法来绘制。

10.2.2　用切点半径方式画圆（T）

下拉菜单：［绘图］→［圆］→［相切、相切、半径］（T）

工具栏：［绘图］→［圆］ ◎

命令行：C→T

这种方式适用于需要画两个实体的公切圆的情况。该方式要求用户确定与公切圆相切的两个实体和公切圆的半径。具体操作如下：

（1）单击"绘图"→"圆"→"相切、相切、半径"菜单命令。

（2）当命令行出现"选取第一切点："提示符时，输入第一个切点。

（3）当命令行出现"选取第二切点："提示符时，输入第二个切点。

（4）当命令行出现"圆半径："提示符时，输入公切圆的半径。

如图 10.6 所示的圆就是用相切、相切、半径方式画的圆。

命令清单如下：

命令：circle

两点（2P）/三点（3P）/相切-相切-半径（T）/弧线（A）/多次（M）/［圆中心（C）］：t（以相切-相切-半径方式画公切圆）

选取第一切点： 选择第一个实体 A 点

选取第二切点： 选择第二个实体 B 点

圆半径： 输入公切圆的半径

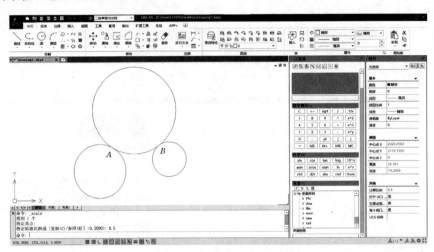

图 10.6　相切、相切、半径方式画的圆

上面所作切点是大概位置，在公切圆画出前，显然不能精确定位，但可大致定位。图 10.7 是画的两圆的外公切圆，如果要画出上述两圆的内公切圆，半径应足够大才能包进去，另外切点位置偏向两边，也就是点的两切点 C、D 均向外偏移，A、B 点是外公切圆切点，C、D 点在 AB 两边。切点也只是一个大约的位置，如图 10.7 所示，虽然点击所选的切点在 C、D，但真正的切点位置并不一定在 C、D 点，一般在其附近，另外就是内公切圆的半径要足够大。当然，也可以做成一个是内切，一个是外切，比如在图 10.7 中，当把 D 点选在小圆的左下方时，则可做成与小圆外切。

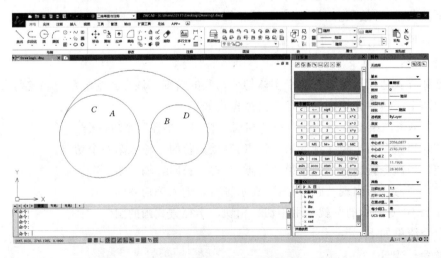

图 10.7　相切、相切、半径方式画内公切圆

也可以从下拉菜单的［绘图］→［圆］→［相切、相切、相切］来做，当提示第

三个切点时，点一次后提示：选择点处没有发现切点，再点就是以此点作为第三个切点了，也可讲是以第三个切点来确定公切圆的大小。

10.2.3　用三切点方式画圆

下拉菜单：［绘图］→［圆］→［相切、相切、相切］

当需要画三个实体的公切圆时可以采用这种方式。该方式要求用户确定与公切圆相切的三个实体。具体操作如下：

单击"绘图"→"圆"→"相切、相切、相切"菜单命令。

当命令行出现"圆上第一点，捕捉到 切点"时，输入第一个切点。

当命令行出现"圆上第二点，捕捉到 切点"时，输入第二个切点。

当命令行出现"圆上第三点，捕捉到 切点"时，输入第三个切点。

如图 10.8 所示的圆就是用切点、切点、切点方式画圆。

命令清单如下：

单击"绘图"→"圆"→"相切、相切、相切"菜单命令。

圆上第一切点：输入第一个切点 E

圆上第二切点：输入第二个切点 F

圆上第三切点：输入第三个切点 G

通过三个切点作圆，也可推广到其它场合，比如作一下三角形的内公切圆，也可采用上面的方法，也就是三切点方式，然后依次选取三角形三边，公切圆立即做出。这比起用常规方法来又快又准确。如图 10.8 所示。

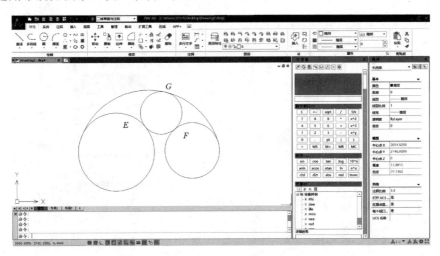

图 10.8　相切、相切、相切方式画圆

10.3　绘 制 圆 弧 命 令

下拉菜单：［绘图］→［圆弧］

工具栏：［绘图］→［弧］

命令行：Arc（A）

圆弧是工程图样中常见的实体之一。圆弧可通过圆弧命令直接绘制，也可以通过打断圆成圆弧以及倒圆角等方法产生圆弧。中望CAD 2021提供了10种画圆弧的方式，如图10.9所示。这些绘圆弧的方式都要输入相应的参数。

用户可以通过多种方法启动画圆弧命令，在命令行中输入"Arc"（或"A"）并回车是最快的方式。

绘制圆弧的方式都要输入相应的参数，有关这些参数的介绍如下：

三点：指定圆弧的起点、终点以及圆弧上任意一点。

起点：指定圆弧的起点。

终点：指定圆弧的终点。

圆心：指定圆弧的圆心。

方向：指定和圆弧起点相切的方向。

长度：指定圆弧的弦长。正值绘制小于180°圆弧，负值则绘制大于180°的圆弧。

角度：指定圆弧包含的角度。顺时针为负，逆时针为正。

半径：指定圆弧的半径。正值绘制小于180°的圆弧，负值则绘制大于180°的圆弧。如图10.10所示。

（右侧图示）

- 三点
- 起点，圆心，终点
- 起点，圆心，角度
- 起点，圆心，长度
- 起点，终点，角度
- 起点，终点，方向
- 起点，终点，半径
- 圆心，起点，终点
- 圆心，起点，角度
- 圆心，起点，长度
- 继续

图10.9 画圆弧的方式

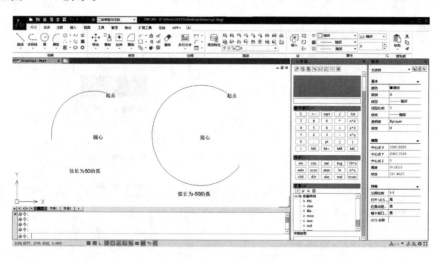

图10.10 起点、圆心长度画弧中正负弦长的状态

试一试：先绘制直线 AB，然后用"继续"方式绘制 BCD 弧，结果如图10.11所示。

命令：L

指定第一点：50，50（直线 AB 的起点）

角度（A）/长度（L）/＜终点＞：@0，−30（直线 AB 的终点）

角度（A）/长度（L）/闭合（C）/撤销（U）/<终点>：回车（结束直线绘制）

命令：A（画圆弧）

回车利用最后点/圆心（C）/跟踪（F）/<弧线起点>：回车利用直线终点为起点，点取 C 点即画出大弧。

命令：A（画圆弧）

回车利用最后点/圆心（C）/跟踪（F）/<弧线起点>：回车指定圆弧的端点为起点，点取 D 点即画出小弧。

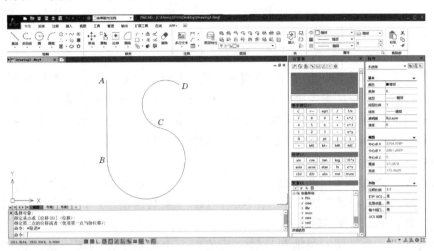

图 10.11　用"继续"方式绘制圆弧

提示：

（1）圆弧的角度与半径值均有正、负之分。当半径为正值时，中望 CAD 沿顺时针方向绘制圆弧；若为负值时，则沿逆时针方向绘制圆弧。当角度为正值时，中望 CAD 向逆时针方向绘制圆弧；当角度为负值时，则向顺时针方向绘制圆弧。

（2）当绘制的圆弧在屏幕上显示成多段折线时，可用 Viewres 和 Regen 命令控制。

10.4　绘制椭圆和椭圆弧命令

10.4.1　命令功能

下拉菜单：［绘图］→［椭圆］→［圆弧］

工具栏：［绘图］→［椭圆］

命令行：Ellipse（EL）

椭圆（Ellipse）的几何元素包括圆心、长轴和短轴，但在中望 CAD 2021 中绘制椭圆时并不区分长轴和短轴的次序。绘制椭圆有如下两种方法。

中心点（Center）法：分别指定椭圆的中心点、第一条轴的一个端点和第二条轴的一个端点来绘制椭圆。

轴（Axis）、端点（End）法：先指定两个点来确定椭圆的一条轴，再指定另一条轴的端点（或半径）来绘图椭圆。

在中望 CAD 2021 中还可以绘制椭圆弧。其绘制方法是在绘制椭圆的基础上再分别指定圆弧的起点角度和端点角度（或起点角度和包含角度）。注意，指定角度时长轴角度定义为 0 度，并以逆时针方向为正（缺省）。

使用椭圆命令绘椭圆的方法很多，但归根到底，都是以不同的顺序输入椭圆的中心点、长轴和短轴等参数。

Ellipse 命令用于绘制椭圆或椭圆弧，可通过轴端点、轴距离、绕轴线旋转的角度或中心点几种不同组合进行绘制。

10.4.2　选项说明

执行 Ellipse 命令后，中望 CAD 提示："弧（A）/中心（C）/＜椭圆轴的第一端点＞："，可以指定一点或选择一个选项。当指定一点后，系统提示指定第二点，这样两点决定椭圆的一个轴；然后系统提示键入其它轴的距离，这时可以键入长度值或指定第三点，系统由第一点和第三点之间的距离决定椭圆另一轴的长度。

中心（C）：椭圆的中心。

弧（A）：画椭圆弧，系统提示："中心（C）/＜椭圆轴的第一端点＞："。当指定好椭圆长轴的值后，系统继续提示："旋转（R）/＜其他轴＞："，即指定椭圆短轴的长，或者键入 R，选择旋转选项。

旋转（R）：以椭圆的短轴和长轴之比值把一个圆绕定义的第一轴旋转成椭圆，若键入 0，则绘制出圆。

在椭圆的绘制过程中，还可能出现以下一些选项：

参数（P）：确定椭圆弧的起始角，中望 CAD 通过一个矢量方程式来计算椭圆弧的角度.

包含（I）：指定椭圆弧包角的大小。

10.4.3　操作实例

用中心轴椭圆方式绘制椭圆如图 10.12（a）所示。再以绘制起始角为 45°、终止角为 250°的椭圆弧，如图 10.12（b）为例，介绍其具体操作方法如下：

命令：Ellipse

弧（A）/中心（C）/＜椭圆轴的第一端点＞：C

椭圆的中心：点取点 A，如图 10.12（a）

轴的终点：点取点 B

旋转（R）/＜其他轴＞：点取点 C

命令：回车结束

绘制出来的椭圆如图 10.12（a）所示。

命令：Ellipse（画椭圆弧）

弧（A）/中心（C）/＜椭圆轴的第一端点＞：A（椭圆中心）

中心（C）/＜椭圆轴的第一端点＞：C（指定椭圆的中心）

椭圆的中心：点取点（指定轴的终点）

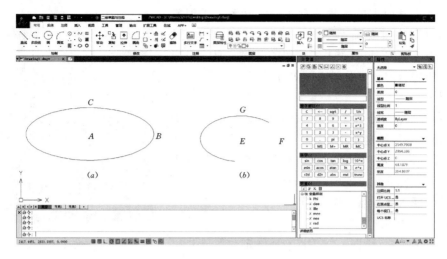

图 10.12 绘制椭圆

轴的终点：取点 F（指定椭圆第二轴的端点）

旋转（R）/＜其他轴＞：点取点（键入弧的起始角度）

参数（P）/＜弧的起始角度＞：45（键入弧的终止角度）

参数（P）/包含（I）/＜终止角度＞：250（回车结束命令）

提示：

（1）Ellipse 命令绘制的椭圆同圆一样，不能用 Explode、Pedit 等命令修改。

（2）系统变量 Pellipse 决定椭圆的类型。当 Pellipse 状态关闭时，即缺省值时，绘制的椭圆是真正的椭圆；当该变量为打开时，绘制由多段线表示的椭圆。

10.5 绘 制 点 命 令

在中望 CAD 2021 中，点作为实体可以以不同的样式在图纸上绘出，用作捕捉和偏移对象的节点或参考点。

10.5.1 设置点的大小及类型（Ddptype）

下拉菜单：［绘图］→［点］

工具栏：［绘图］→［点］ ▓

命令行：Ddptype

通过单击"格式"→"点样式"或在命令行输入 Ddptype 可以弹出点样式的对话框，在该对话框中可以进行点的样式设置。点的样式设置好以后，接下来就可以绘点了。如图 10.13 所示。

10.5.2 绘制点（Point）

下拉菜单：［绘图］→［点］→［单点］

工具栏：［绘图］→［点］ ▓

命令行：Point（PO）

就其本身而言，点并没有多少实际意义，但它是我们绘图中重要辅助工具，尤其是"定数等分"和"定距等分"，相当于手工绘图的分规工具，可对图形对象进行定数等分或定距等分。

提示：

（1）绘点命令执行后，能够绘制多个点，而Point命令只能绘制单个点。

（2）Point 常在作图过程中绘制参考点。捕捉点对象可用目标捕捉方式中的 Node。

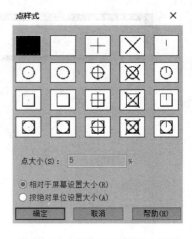

图 10.13　点的样式设置对话框

10.5.3　插入等分点（Divide）

1. 命令功能

下拉菜单：［绘图］→［点］→［定数等分］

命令行：Divide（DIV）

Divide（DIV）命令可以在直线、圆、圆弧等对象上绘制等分点或在等分点处插入图块，等分点数目在 2～32767 之间。

2. 选项说明

执行 Divide 命令后，中望 CAD 命令行提示："选取分割对象："即选择等分的对象，可用对象选择方式中的任意一种方法。接着系统提示："块（B）/＜分段数＞："，这时可以直接键入等分数目。

块（B）：在分点处插入图块。选择块（B）选项后，则系统接着提示："插入块名称："，键入所插入块的名字。接着系统提示："块与对象对齐？＜是（Y）＞："，即插入的图块是否要与等分对象一致？默认值为是。

分段数：等分的数目。

3. 操作实例

如图 10.14 所示，用 Divide 命令将一条线条 10 等分，在图 10.14（a）分点处插入明显的点的记号；在图 10.14（b）分点处插入粗糙度图块。其具体操作如下：

命令：divide（执行 Divide 命令）

选取分割对象：点取线条，见图 10.14（a）选择等分对象

块（B）/＜分段数＞：10（键入等分数目 10）

命令：divide（执行 Divide 命令）

选取分割对象：点取线条，见图 10.14（b）选择等分对象

块（B）/＜分段数＞：b（键入 b，选择块选项）

插入块名称：粗糙度（键入块名称）

块与对象对齐？＜是（Y）＞：Y（键入 Y 或回车）

分段数：10（键入等分数目 10）

命令：（结束命令）

提示：

（1）用 Divide 命令插入图块时，首先应定义图块。

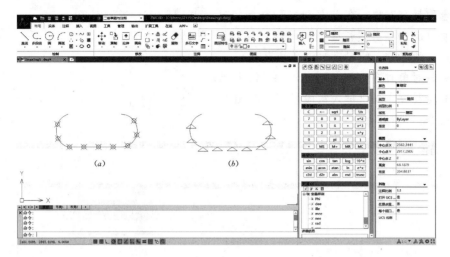

图 10.14　用 Divide 命令将一条线条 10 等分

（2）执行命令 Divide 后，点的标记没有在图样上显示出来，这时可以执行 Settings 命令来设置点的形式及大小，最后用 Regen 命令来重新生成图样。

（3）点标记并没把实体断开。Divide 生成的点对象可作为 NODe 对象捕捉的捕捉点。

10.5.4　定长设标记 （Measure）

1. 命令功能。

下拉菜单：［绘图］ → ［点］ → ［定距等分］

命令行：Measure （ME）

Measure （ME）命令用于按给定的长度来测量对象，如直线、圆弧、圆和多义线等，并在等距测量点上标记点或图块符号。

2. 选项说明

执行 Measure 命令后，中望 CAD 命令行提示：“选择测量对象”，用目标选择方式中的方法选定测量对象；系统继续提示：“块（B）/＜分段长度（S）＞:”，键入每段测量值或键入 B，选择块选项，在分点处插入图块。系统会继续以下提示。

列出图中块/＜插入块 （B）＞：输入图块名。

块与对象对齐？＜是 （Y）＞：插入的图块是否要与等分对象一致？默认是 Yes。

分段长度 （S）：确定每段的长度。

3. 操作实例

用 Measure 命令在图 10.15 所示线条上绘制等距离点，每段距离为 40 ［（图 10.15 （a）］；再以每段距离为 40，在此线条上的等距离点处插入粗糙度图块 ［图 10.15 （b）］。其具体操作如下：

命令：measure（执行 Measure 命令）

选取量测对象：在点 A 处取线条，见图 10.15 （a）选择量测对象

块 （B） /＜分段长度＞：40（键入分段长度 40）

命令：measure（执行 Measure 命令）

选取量测对象： 在点 B 处点取线条，见图 10.15（b）量测对象

块（B）/＜分段长度＞：b（键入 b，选择块选项）

插入块名称：粗糙度（键入块名称）

块与对象对齐＜是（Y）＞：Y（键入 Y）

分段长度：40（键入每段量测长度 40）

命令：（结束命令）

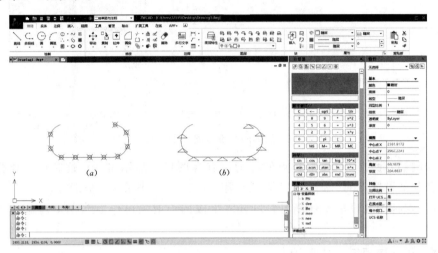

图 10.15　用 Measure 命令绘制等距离点

提示：

（1）Measure 命令与 Divide 命令不同点在于：Divide 命令是给定等分数目插入图块；Measure 命令是给定插入点之间的距离，再将点或图块等距地插入图中，直到余下部分不足一个间距为止。

（2）Measure 命令将测量点的起始位置放在离拾取对象最近的端点处，从此端点开始，以指定的距离在各个分点处插入点标记或图块［图 5-3（a）、（b）］。

（3）Measure 命令绘制的点构成一个选择集，如果在提示 Select Object 下键入 P，可以将各分点全部选中，可以用 Erase 命令试一试。

（4）Measure 命令绘制的点可用 Node 方式捕捉。

10.6　绘制圆环命令

10.6.1　命令功能

下拉菜单：［绘图］→［圆环］

命令行：Donut（DO）

Donut 命令用于在指定的位置绘制指定内外直径的圆环或填充圆，圆环是由封闭的带宽度多段线组成的实心填充圆或环。可用多种方法绘制圆环，缺省方法是给定圆环的内、外直径，然后给定它的圆心，通过给定不同圆心点可以生成多个相同的圆环。

启动绘制圆环命令最好是在命令行中输入"Donut"或"Do"并回车。

10.6.2　选项说明

执行 Donut 命令后，中望 CAD 2021 命令行提示："两点（2P）/三点（3P）/半径-相切-相切（RTT）/＜圆环体内径＞＜0.5＞:"，键入圆环体内径后，系统继续提示："圆环体外径 ＜1＞:"，键入圆环体外径后，系统继续提示："圆环体中心:"，键入圆环体中心后，圆环体确定。

两点（2P）：可以用指定圆环宽度和直径上两点的方法画圆环。

三点（3P）：指定圆环宽度及圆环上三点的方式画圆环。

半径-相切-相切（RTT）：通过与一已知图元相切的方式画圆环。

圆环体内径：指键入圆环体内圆直径。

10.6.3　操作实例

1. 实例 1

用 Donut 命令绘制如图 10.16（a）所示图形，其具体操作如下：

命令：Donut（执行 Donut 命令）

两点（2P）/三点（3P）/半径-相切-相切（RTT）/＜圆环体内径＞＜1＞：30（键入圆环体内径 30）

圆环体外径＜1＞：60（键入圆环体外径 60）

圆环体中心：点取圆环体中心（指定圆环中心的位置）

圆环体中心：（回车结束命令）

执行 Fill 命令，改变 Fill 的填充方式，如果将 Fill 的填充方式关闭（off），则会出现图 10.16（c）、（d）所示图形。

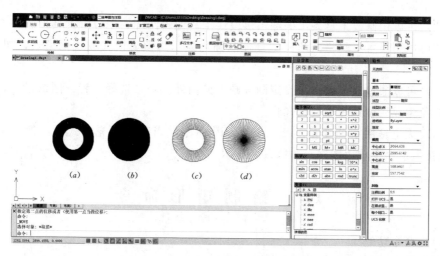

图 10.16　用 Donut 命令绘制图形

2. 实例 2

画出如图 10.17 中所示图形。

发出"Donut"命令后，中望 CAD 出现如下的提示：

指定圆环的内径：

指定圆环的外径：

指定圆环的中心点＜退出＞：

如图 10.17 中所示分别是不同的内、外径情况所绘制的圆环。左图是内外径不相等，和实例 1 相同；中图是内径为 0；得到实心圆；右图是内外径相等，得普通圆。

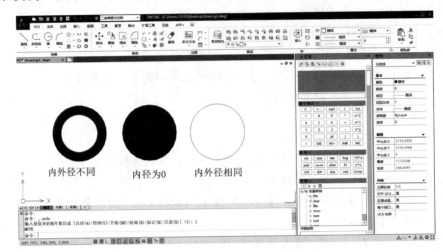

图 10.17　不同的内、外径情况所绘制的圆环

提示：

（1）用户绘制时，只需指定圆环的内径和外径等参数，然后连续地选取圆心即可绘出多个圆环。

（2）可以用修改工具条中的编辑多段线工具编辑圆环，用分解工具把圆环变成圆弧，还可以用设置工具栏的填充工具控制圆环显示为填充模式或线框模式，如图 3-16 所示。

（3）可以通过以下操作来设定圆环缺省的内外径：＜选择设置＞图纸设置，然后单击对象生成栏，选择需要的操作。

（4）无论是用系统变量 Fillmode 或 fill 命令，当改变填充方式后，都必须用重画/重新生成命令重生图样，才能改变显示。

10.7　绘制矩形命令

10.7.1　命令功能

下拉菜单：[绘图] → [矩形]

工具栏：[绘图] → [矩形] ▭

命令行：Rectangle（REC）

中望 CAD 2021 的绘矩形命令为 Rectangle。它是通过确定矩形对角线上的两个点来绘的。使用该命令，除了能绘常规的矩形之外，还可以绘倒角或圆角的矩形。

10.7.2 选项说明

执行矩形命令后，中望CAD命令行提示："倒角（C）/标高（E）/圆角（F）/旋转（R）/方形（S）/厚度（T）/宽度（W）/＜选取方形的第一点＞:"。

倒角（C）：设置矩形角的倒角大小，并绘带倒角的矩形。

标高（E）：确定矩形在三维空间内的基面高度。

圆角（F）：设定矩形四角为圆角及半径大小。

旋转（R）：旋转操作可重新安排矩形为任意角度

方形（S）：矩形工具也可绘制正方形，不指定矩形对角，而直接指定矩形的大小即可得到正方形。

厚度（T）：设置矩形的厚度，即Z轴方向的高度。

宽度（W）：设置矩形的线宽。如果该线宽为0，则根据当前图层的缺省线宽来绘矩形；如果该线宽＞0，则根据该宽度而不是当前图层的缺省线宽来绘矩形。

提示：

矩形及稍后要介绍的正多边形和多段线等，从外观上看都有若干条边，但它们实际上只是一条多段线。与多条直线围成的图形根本不同的是，这类多段线所形成的封闭图形可以在三维空间中进行实体拉伸。此外，这类多段线还可以通过分解命令使之分解成若干单个的线段。

10.8 绘制正多边形命令

10.8.1 命令功能

下拉菜单：［绘图］→［正多边形］

工具栏：［绘图］→［正多边形］

命令行：Polygon（POL）

在中望CAD 2021中，绘正多边形的命令是"Polygon"。它可以精确绘制3～1024条边的正多边形。

10.8.2 选项说明

发出"Polygon"命令后，中望CAD 2021出现如下的提示："多边形：多个（M）/线宽（W）/＜边数＞＜4＞:"，键入边数后，系统继续提示："确定：边缘（E）/＜多边形中心＞:"。

多个（M）：如果准备多次使用要绘制的多边形，在执行Polygon（POL）命令后，首先键入M，然后再选择绘制多边形的方法。

线宽（W）：键入W后，系统提示：键入多段线的宽度值。

边缘（E）：键入E后，系统提示：键入边缘第一端点及第二端点。通过这两点可以决定多边形的边长。

＜多边形中心＞：指定多边形的中心点。

在多边形的绘制过程中，还可能出现以下一些选项：

边（S）：键入S后，系统将以边多边形绘制方法：即通过定义多边形的中心点和中心到边距离的方式生成一个等边多边形。

顶点（V）：键入 V 后，系统将以顶点多边形绘制方法：即通过定义多边形的中心点和中心到顶点距离的方式生成一个等边多边形。

10.8.3 操作实例

绘制如图 10.18 所示的正五边形，其具体操作如下：

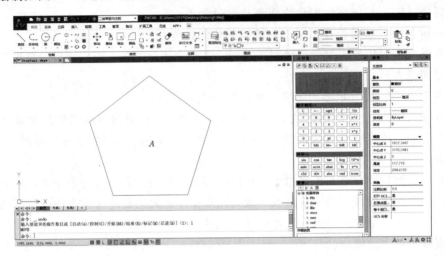

图 10.18 画正五边形

命令：Polygon

多边形：多个（M）/线宽（W）/＜边数＞＜4＞：5

确定：边缘（E）/＜多边形中心＞：点取点 A

确定：边（S）/＜选择顶点＞：点取顶点生成三边形

提示：

用 Polygon 绘制的正多边形是一条多段线，可用 Pedit 命令对其进行编辑。

10.9 多 段 线 命 令

10.9.1 命令功能

下拉菜单：［绘图］→［多段线］

工具栏：［绘图］→［多段线］

命令行：Pline（Pl）

Pline（Pl）命令为用户提供了方便快捷的作图方式，使用该命令可以绘制由若干直线和圆弧连接而成的不同宽度的曲线或折线，可以绘制直线箭头和弧形箭头，并且无论该多段线中含有多少条直线或圆弧，它们都是一个实体，可以用多段线修改命令 Pedit 对其编辑修改。

10.9.2 选项说明

执行 Pline（PL）命令后，中望 CAD 2021 命令行提示："多段线起点："，键入起点，系统继续提示："弧（A）/距离（D）/跟踪（F）/半宽（H）/宽度（W）/撤消（U）/＜下一点（N）＞:"，指定多段线第二点或选择方括号内的某一选项。

下面分别对以上选项加以说明：

弧（A）：键入 A，以画圆弧的方式绘制多段线。选择该选项后，系统继续提示："角度（A）/中心（CE）/方向（D）/半宽（H）/线段（L）/半径（R）/第二点（S）/宽度（W）/撤消（U）/＜弧终点＞:"选项序列中各项以及还可能出现的选项意义如下：

角度（A）：该选项用于指定圆弧的圆心角。

中心（CE）：为圆弧指定圆心。

方向（D）：取消直线与弧的相切关系设置，改变圆弧的起始方向。

半宽（H）：该选项用于指定多段线的半宽值，中望 CAD 2021 将提示用户输入多段线的起点半宽值与终点半宽值。在绘制多段线的过程中，每一段都可以重新设置半宽值。

线段（L）：返回绘制直线方式。

半径（R）：指定圆弧半径。

第二点（S）：指定三点画弧。

宽度（W）：该选项用于设置多段线的宽度值。多段线是由宽度不等的直线和圆弧组成的。整个多段线是由所画的一系列直线或圆弧顺序相连的一个实体。

闭合（C）：该选项自动将多段线闭合，即将选定的最后一点与多段线的起点连起来，并结束 Pline 命令。

距离（D）：指定分段距离。

10.9.3 操作实例

1. 实例 1

用 PL 命令画箭头，如图 10.19 所示。

命令：Pline

多段线起点：点取多段线起点

弧（A）/距离（D）/半宽（H）/宽度（W）/＜下一点（N）＞：W

起始宽度＜0＞：50

终止宽度＜50＞：

弧（A）/距离（D）/半宽（H）/宽度（W）/＜下一点（N）＞：@150，0

弧（A）/距离（D）/跟踪（F）/半宽（H）/宽度（W）/撤消（U）/＜下一点（N）＞：

命令：line

回车使用最后点/跟踪（F）/＜多段线起点＞：

弧（A）/距离（D）/跟踪（F）/半宽（H）/宽度（W）/＜下一点（N）＞：W

起始宽度＜50＞：100

终止宽度＜150＞：0

弧（A）/距离（D）/跟踪（F）/半宽（H）/宽度（W）/＜下一点（N）＞：

@150，0

弧（A）/距离（D）/跟踪（F）/半宽（H）/宽度（W）/撤消（U）/＜下一点（N）＞：回车结束

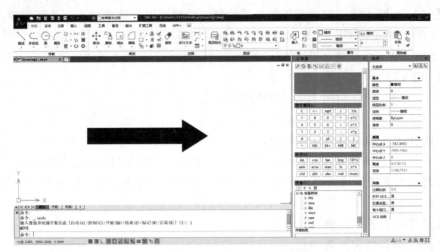

图 10.19 用 PL 画箭头

上面通过改变宽度做出图形，图 10.20（a）是以一定宽度画直线后转到圆弧方式，而图 10.20（b）是在直线段后，重新设定宽度，起始宽度不变，而终止宽度为 0，读者可以举一反三，作做出各种图形。

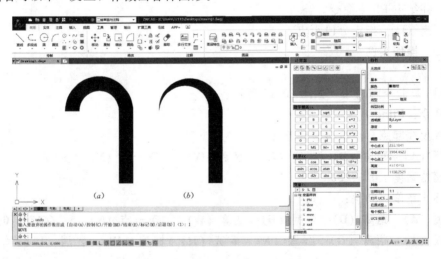

图 10.20 PL 直线转变图形

（a）PL 直线转圆弧；（b）PL 直线转尖圆弧

提示：

（1）在指定多段线的第三点之后，还将增加一个"Close（闭合）"选项，用于在当前位置到多段线起点之间绘制一条直线段以闭合多段线，并结束多段线命令。

（2）多段线（Polyline）是中望 CAD 2021 中较为重要的一种图形对象。多段线由彼此首尾相连的、可具有不同宽度的直线段或弧线组成，并作为单一对象使用。使用 Rectang、Polygon、Donut 等命令绘制的矩形、正多边形和圆环等均属于多段线对象。

（3）多段线的宽度大于 0 时，要绘制一条闭合的多段线，必须键入闭合选项，才能使其完全封闭，否则，即使起点与终点重合，也会出现缺口。

（4）利用修改工具条的多段线编辑命令 Pedit，可编辑整段多段线及其组成单元；利用分解命令 Explode 可以将多段线变成单独的线或圆弧，利用设置工具条的填充工具可以控制多段线的宽度是以填充或线框方式显示。

附录 水工 CAD 实训指导

此实训在基本教学内容完成之后进行，时间一周。主要目的是对分散的教学内容进行综合和归纳，提高学生解决实际问题的综合能力。通过本实训周，学生将学会利用 AutoCAD 绘制完整三视图与水工图的过程和方法。

具体要求如下：

(1) 熟练掌握常用的绘图与编辑命令的操作方法与综合使用技巧。

(2) 能熟练使用目标捕捉，灵活使用各种自动追踪。

(3) 掌握利用图层组织管理图形的方法。

(4) 理解绘图环境的含义，掌握绘图环境的设置方法，定制自己的样板。

(5) 掌握图块的基本操作，掌握工程图样的文字及尺寸标注的要求与方法。

(6) 掌握在 AutoCAD 中绘制水工图样的过程和方法。

(7) 了解三维实体图的基本绘图要点。

成绩评定：实训周单独记成绩，结合考勤、学习态度与完成情况综合评定。

1 文字样式的设置

为了字体的美观，可以使用 TIF 字体。当图样中字体很多的时候，还是采用 SHX 字体为好，比如尺寸标注，推荐使用 SHX 字体。文字样式如图 1 所示。

样式名	字体名	宽度比例	字体样例	说明
st	宋体	0.7	ABC机械制图12345	用于尺寸标注
gb	gbeitc. shx+gbcbig. shx	1	ABC机械制图12345	用于汉字标注

图 1　字体样式

(1) TIF 文字样式。TIF 字体是 Windows 下的通用字体，例如常用的宋体，楷体等，如图 2 所示。

(2) SHX 文字样式。SHX 字体是 AutoCAD 的专用字体，其字体文件后缀为 .shx，如图 3 所示。

图 2 TIF 文字样式

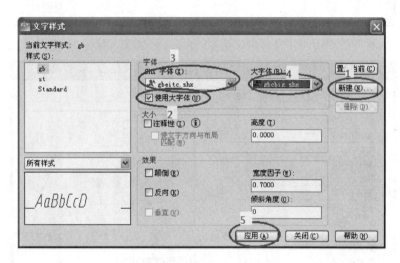

图 3 SHX 文字样式

2 尺寸标注样式的设置

第一步：命名新样式 GB-35（主样式），基于 ISO-25 设置相关公共参数，如图 4 所示。

第二步：创造"线性标注"子样式，如图 5 所示。

第三步：创建"角度标注"子样式，如图 6 所示。

第四步：创建"半径标注"子样式，如图 7 所示。

第五步：创建"直径标注"子样式，如图 8 所示。

第六步：将 GB-35 置为当前，完成尺寸标注样式的设置，关闭对话框，如图 9 所示。

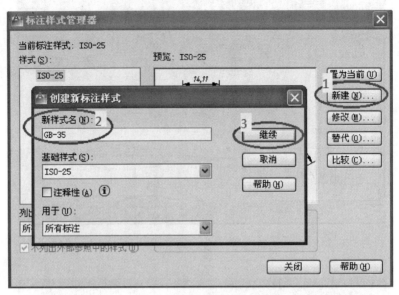

(a)

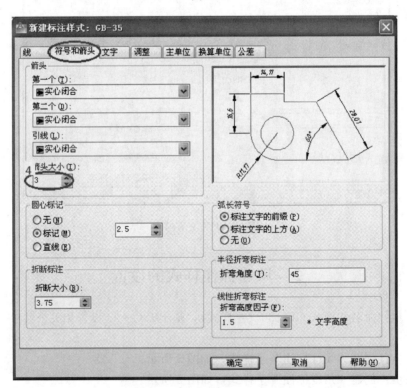

(b)

图 4（一）　命名新样式 GB - 35

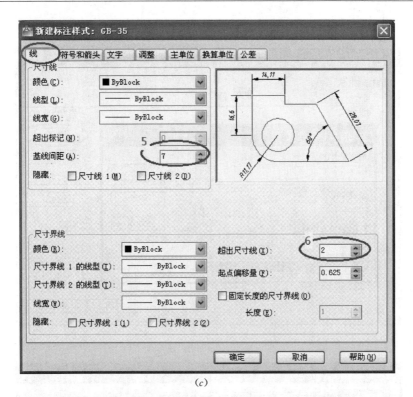

(c)

(d)

图 4（二）　命名新样式 GB - 35

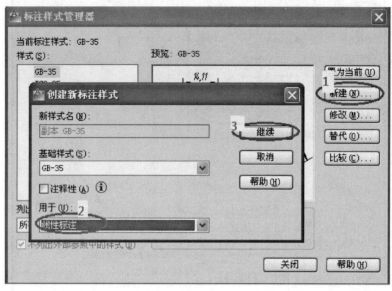

(*a*)

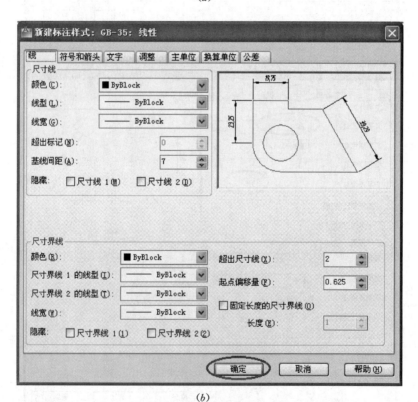

(*b*)

图 5 创建"线性标注"子样式

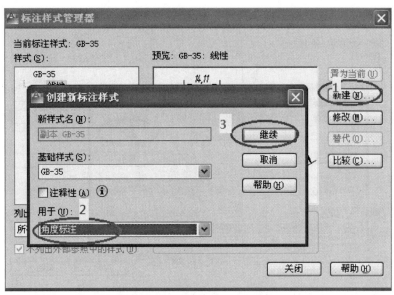

(a)

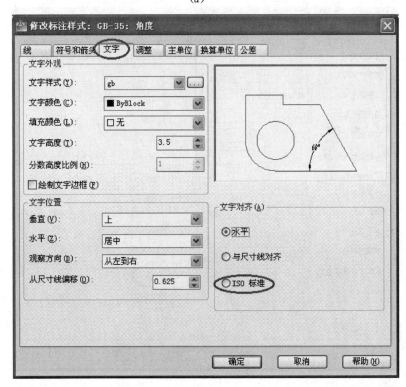

(b)

图 6 创建"角度标注"子样式

标注样式管理器

当前标注样式: GB-35

样式(S):

预览: GB-35: 角度

GB-35

1 为当前(U)

新建(N)...

创建新标注样式

新样式名(N):

副本 GB-35

3 继续

修改(M)...

替代(O)...

基础样式(S):

GB-35

取消

比较(C)...

注释性(A)

帮助(H)

列出

用于(U): 2

所

半径标注

不列出外部参照中的样式(U)

关闭 帮助(H)

(a)

新建标注样式: GB-35: 半径

线 符号和箭头 文字 调整 主单位 换算单位 公差

文字外观

文字样式(Y): gb

文字颜色(C): ■ByBlock

填充颜色(L): □无

文字高度(T): 3.5

分数高度比例(H): 1

绘制文字边框(F)

R5.64

文字位置

垂直(V): 上

水平(Z): 居中

观察方向(D): 从左到右

从尺寸线偏移(O): 0.625

文字对齐(A)

○水平

○与尺寸线对齐

4

⊙ISO 标准

确定 取消 帮助(H)

(b)

图 7 (一) 创建"半径标注"子样式

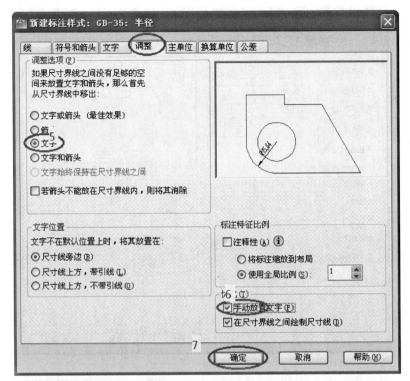

(c)

图 7（二） 创建"半径标注"子样式

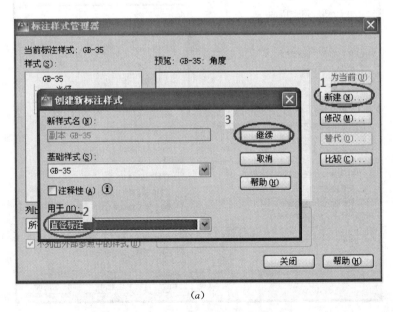

(a)

图 8（一） 创建"直径标注"子样式

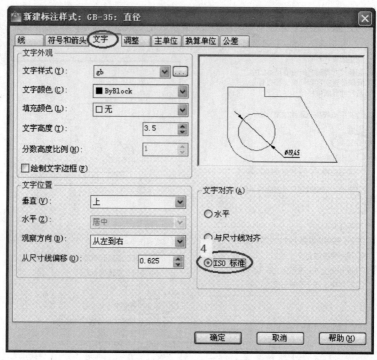

(b)

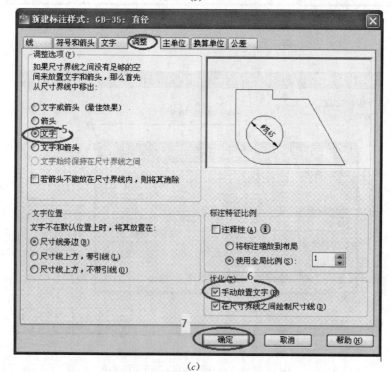

(c)

图 8（二） 创建"直径标注"子样式

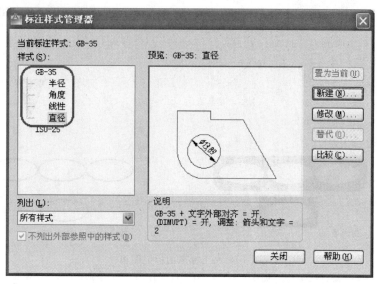

(d)

图 8（三）   创建"直径标注"子样式

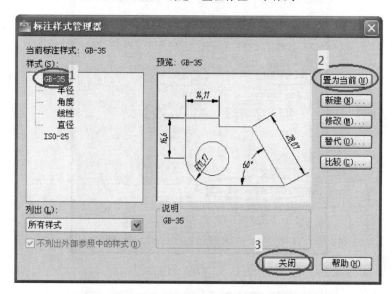

图 9   将 GB-35 置为当前

3   水工标高的标记图块

水工标高的标记图块如图 10 所示。

下面介绍如何创建外部图块：

（1）先绘制出所需创建的外部块，如：标高符号。

（2）在命令行中输入 W，接着回车，弹出如图 11 所示的"写块"对话框。

（3）按照以上 2 个步骤后最后单击确定即可实现外部块的创建。

（4）若需要插入外部块时，可单击"插入块" 🗗，则弹出"插入"对话框，如图
12 所示。

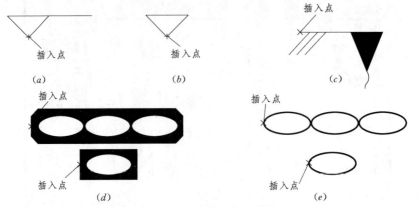

图 10 水工标高的标记图块

（a）标高符号；（b）立面标高符号；（c）自然土壤；（d）浆砌石；（e）干砌石

图 11 "写块"对话框

图 12 "插入"对话框

（5）单击"浏览"按钮找到"D盘的标高符号"块文件，点击"确定"找到要插入的位置即可。

4 样板文件的创建与使用

（1）新建图形。以公制缺省设置开始一张新图。

（2）单位制与精度。从"格式"下拉菜单中点取"单位…"命令，选择默认设置即可，如图13所示。

（3）图层设置。从"格式"下拉菜单中点取"图层…"命令或直接单击快捷键🔲，弹出"图层特性管理器"对话框，新建如图14所示图层即可。

（4）文字样式。至少设置一个文字样式，如图15所示。

（5）尺寸标注样式。按前述方法设置完成如图16所示设置。

（6）创建图块。可以在样板文件中保存常用的图块，如标高符号等。

（7）保存样板文件。

1）单击下拉菜单"文件"→"另存为…"命令，打开"保存文件"对话框。

2）选择".dwt"类型，输入文件名，指定文件夹。

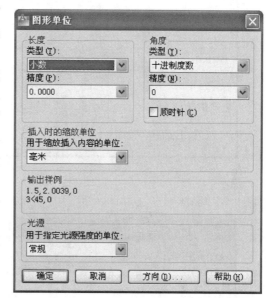

图13 "图形单位"对话框

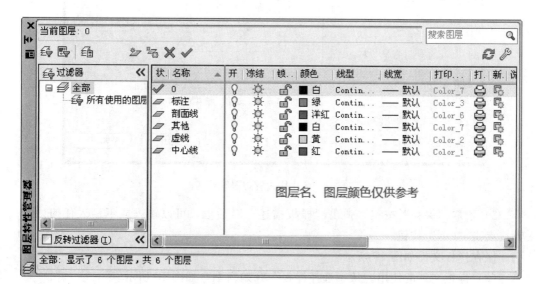

图14 "图层特性管理器"对话框

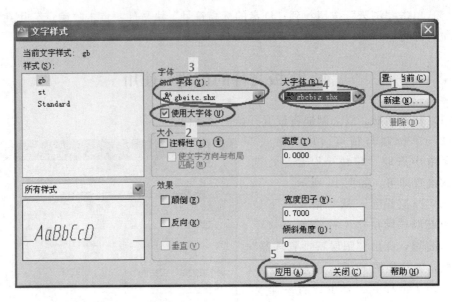

图 15 "文字样式"对话框

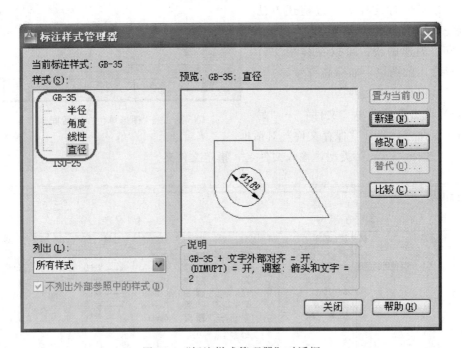

图 16 "标注样式管理器"对话框

3）拾取"保存"按钮，弹出"样板描述"对话框，可以输入或不输入任何内容直接点击"OK"按钮。

保存样板文件如图 17 所示。

（8）样板文件的使用。从"选择样板"开始新图，如图 18 所示。

图 17　保存样板文件

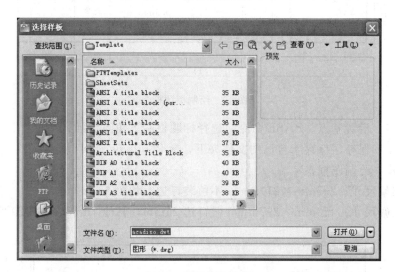

图 18　使用样板文件

5　打　印　图　形

（1）选择打印机。

1）在"打印设备"卡上"打印机名称"处选择本机使用的打印机或绘图仪。

2）选择黑白打印样式表。

（2）打印设置。在"打印设备"卡按作图设置。

1）选择打印纸大小。

2）选定打印方向。

3）选择打印的图形范围。

4）指定打印比例。

5) 勾选"居中打印"。

6) 完全预览。

7) 预览合适,点击"确定"。

6 [实训一] 制作 A3、A4 图框

第一步:设置文字样式。设置一个宋体样式,用于标注标题栏文字。

第二步:绘制标题栏。按图示尺寸绘制并填写相应内容(这些文字内容在各张图纸中都是一样的)。

外框线 0.5mm,其他为缺省值,如图 19 所示。

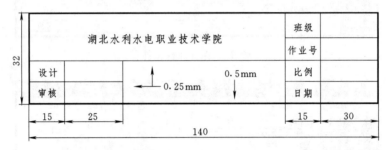

图 19 绘制标题栏

第三步:设置基点。BASE 命令,选择标题栏右下角点为插入基点。

第四步:保存。保存于自己的文件夹下,命名 btl.dwg。

第五步:绘制图框。

A4 图幅尺寸:297mm×210mm,不留装订边,均为 5mm。

A3 图幅尺寸:420mm×297mm,装订边 25mm,其他 5mm,如图 20 所示。

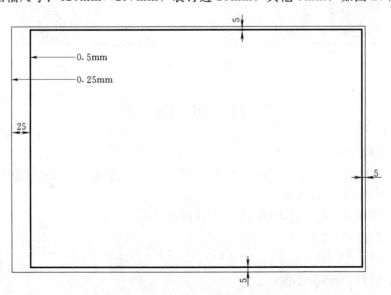

图 20 A3 图幅尺寸

（1）新建图形，在 0 层绘制 A3 图框，先以默认特性绘制完成，再修改线宽等特性。

（2）Base 命令设置基点。

（3）插入标题栏图块 btl，保存 a3. dwg 于自己的文件夹。

（4）同样方法完成 A4 图框，插入标题栏图块 btl，保存 a4. dwg 于自己的文件夹。

7 [实训二] 绘制物体三视图（一）

分析图 21 所示尺寸，拟定按 A4 图幅，1∶2 比例打印该图。

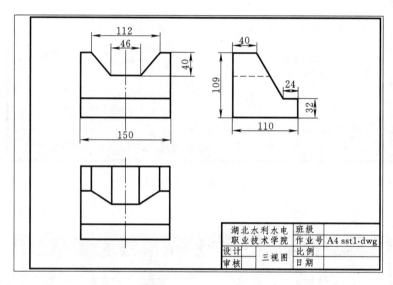

图 21　绘制物体三视图

第一步：新建图形。从"使用面板"开始，选用自己的样板文件开始新图。这样图层、文字与标注样式等不用再次设置了。

第二步：绘图。注意：绘图时依据图形标注的尺寸，1∶1 输入来绘制图形。无论图形最终的打印比例多少，一律按标注尺寸 1∶1 输入。

第三步：修改标注样式后标注尺寸。修改全局比例为打印比例的倒数，此图拟定 1∶2 打印，所以给全局比例为 2，如图 22 所示。

第四步：插入图框，如图 23 所示。

第五步：保存图形。命名 A4sst1. dwg 保存在自己的文件夹。

第六步：打印图形，如图 24 所示。

设置好之后点击"完全预览"看一看效果如何？满意之后再确定。

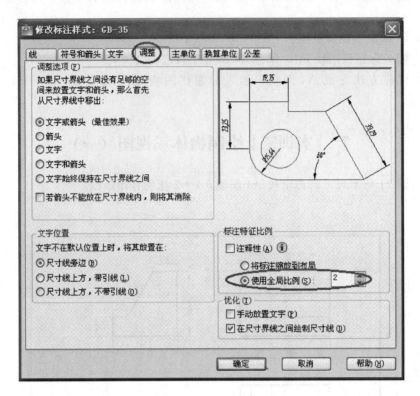

图 22　使用全局比例

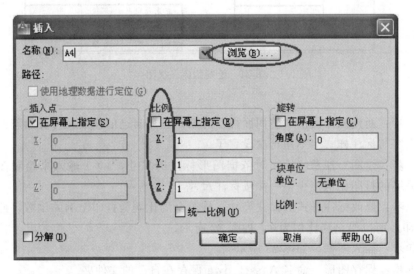

图 23　插入图框

(a)

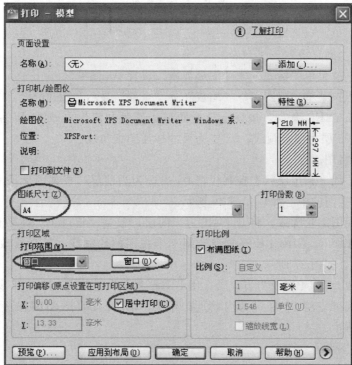

(b)

图 24   打印图形设置

8 ［实训三］绘制物体三视图（二）

分析图 25 所示尺寸，拟定按 A4 图幅，图形比例选用 2∶1。

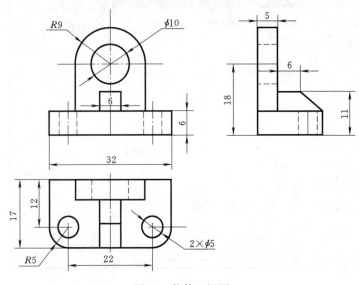

图 25 物体三视图

（1）设置绘图环境。

1）利用下拉菜单"格式"→"图形界限"设置 A3 图纸。

2）利用下拉菜单"视图"→"缩放"→"全部"显示全图。

3）利用 LAYER 命令，按规定设置图层、颜色和线性，即 01 层为粗实线，04 层为细实线，05 层为细点画线，08 层为尺寸标注的细实线。

（2）画三视图。

1）画中心线。利用层状态控制栏将 05 层设为当前层，根据图形尺寸，用 LINE 命令绘制三个视图的中心线，如图 26 所示。

2）画三视图的轮廓线。将 01 层设为当前层，根据"长对正、高平行、宽相等"的原则，用 PLINE、CIRCLE 等命令绘制三个视图的轮廓线。编辑修改图形，完成外轮廓线图形，如图 27 所示。

3）画虚线。将 04 层设为当前层，用 LINE 命令绘制虚线，如图 28 所示。

4）标注尺寸。将 08 层设为当前层，用 DIMLIN、DIMRADIUS 等命令标注尺寸，如图 28 所示。

（3）保存图形。

1）插入 A4 图框。

2）命名 A4sst2.dwg 保存在自己的文件夹。

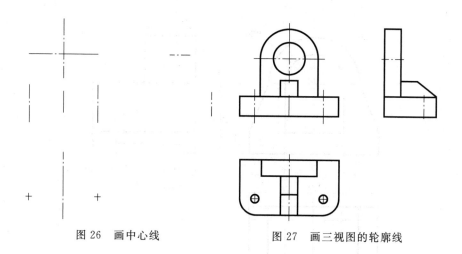

图 26　画中心线　　　　　　　　图 27　画三视图的轮廓线

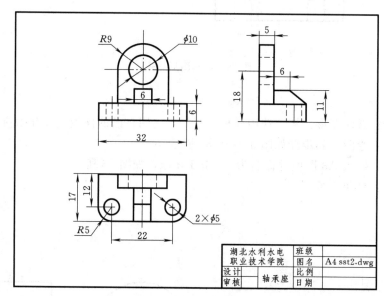

图 28　保存后的图形

9　［实训四］绘制涵洞三视图

分析图 29 所示尺寸，拟定按 A3 图幅，1∶1 比例打印该图。

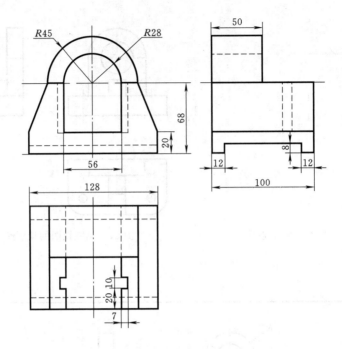

图 29　绘制图形样式

第一步：新建图形。从"使用样板"开始，选用自己的样板文件开始新图。

第二步：绘图。其步骤如图 30～图 35 所示。

第三步：插入 A3 图框并命名为：A3hd.dwg，如图 36 所示。

第四步：打印。

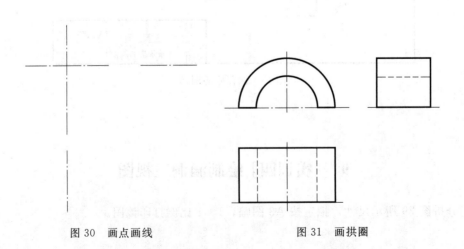

图 30　画点画线　　　　　　　　　　　图 31　画拱圈

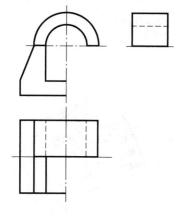

图 32　画边墩与底板

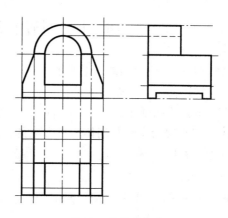

图 33　镜像后合成

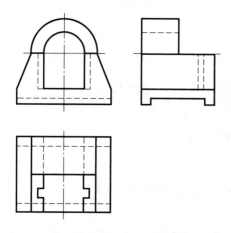

图 34　绘制闸门槽

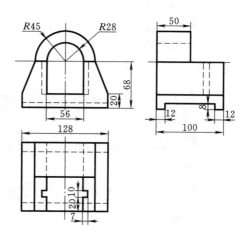

图 35　标注尺寸

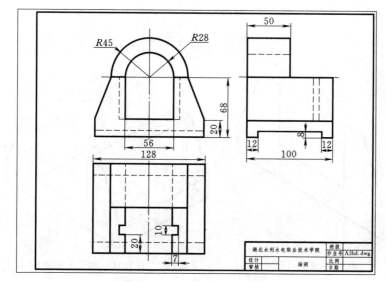

图 36　插入 A3 图框命名后的图

10 ［实训五］涵洞三维模型

绘制如图 37 所示涵洞三维模型。

几个常用的工具栏如图 38 所示。

第一步：绘制闸体。

➢ 运用直线命令绘制闸体主视方向的截面图。

➢ 点选视图工具栏上的主视图按钮，绘制如图 39 所示的截面图。

➢ 点选视图工具栏上按钮，进入西南轴侧视图。

➢ 点选实体工具栏上的拉伸按钮，拉伸高度为 100。拉伸且消隐后的实体图如图 40 所示。

注意：拉伸方向为 Z 轴方向。

第二步：设置 UCS。

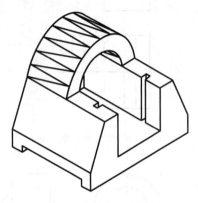

图 37 涵洞三维模型

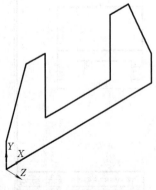

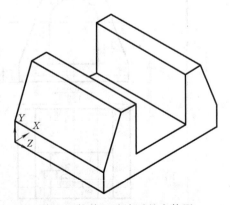

图 38 常用的工具栏

图 39 闸体截面图　　图 40 拉伸且消隐后的实体图

228

先作辅助线，如图41所示，单击"UCS"工具栏上的"UCS"按钮⌐，系统提示：

命令：ucs

当前 UCS 名称：* 没有名称 *

输入选项

[新建(N)/移动(M)/正交(G)/上一个(P)/恢复(R)/保存(S)/删除(D)/应用(A)/?/世界(W)]

〈世界〉: n

指定新 UCS 的原点或 [Z 轴(ZA)/三点(3)/对象(OB)/面(F)/视图(V)/X/Y/Z]〈0,0,0〉://选择图42中辅助线的中点

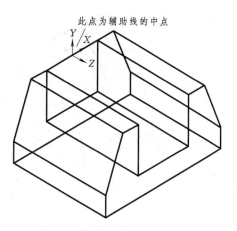

图41　设置 UCS

　　第三步：作上端半圆筒截面轮廓。

➤ 以辅助线中点为圆心绘制两个圆，如图42（a）所示。

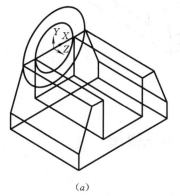
（a）

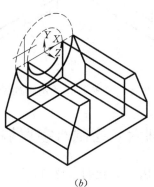
（b）

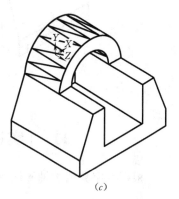
（c）

图42　作上端半圆筒截面轮廓

➤ 输入—bo命令，在图42（b）所示位置，点击并回车。

　　第四步：拉伸其截面边界。

➤ 单击"实体"工具栏上的"拉伸"⬚↑，将半圆封闭截面拉伸50，形成实体图如图42（c）所示。

　　第五步：变换 UCS 绘制闸槽。

➤ 将 UCS 变换成 XY 平面水平状态，如图43（a）所示，绘制出矩形截面。

➤ 将截面拉伸−48，选择差集命令◎后，所得实体效果如图43（b）所示。

　　第六步：变换 UCS 绘制底面槽。

➤ 将 UCS 变换成 XY 平面平行左视图状态，如图44（a）所示。

➤ 绘制矩形截面。

➤ 将截面拉伸−128，选择差集命令◎后，所得实体效果如图44（b）所示。

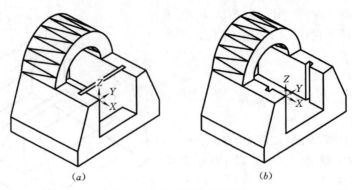

(a) (b)

图 43 变换 UCS 绘制闸槽

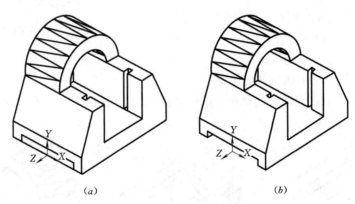

(a) (b)

图 44 变换 UCS 绘制底面槽

11 ［实训六］绘制八字翼墙的三视图

根据八字翼墙的轴测图（图 45）绘制三视图。

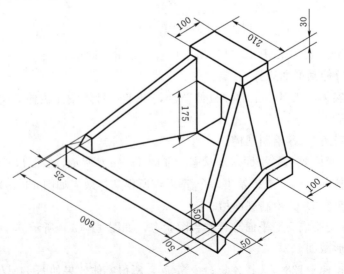

图 45 八字翼墙（单位：cm）

第一步：参照图 46 设置图层。

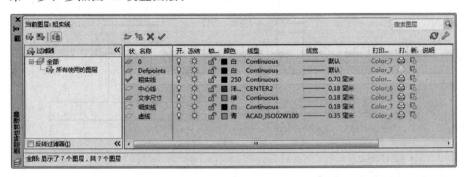

图 46　设置图层

第二步：绘制底板，如图 47 所示。

第三步：绘制挡土墙，如图 48 所示。

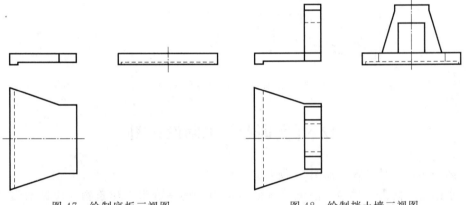

图 47　绘制底板三视图　　　　图 48　绘制挡土墙三视图

第四步：绘制翼墙，将挡土墙被遮挡轮廓修改为虚线，如图 49 所示。

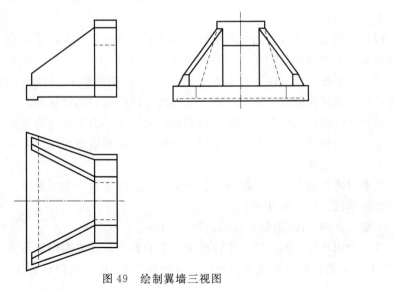

图 49　绘制翼墙三视图

附录 水工 CAD 实训指导

第五步：设置文字样式、标注样式，标注绘制的三视图，如图 50 所示。

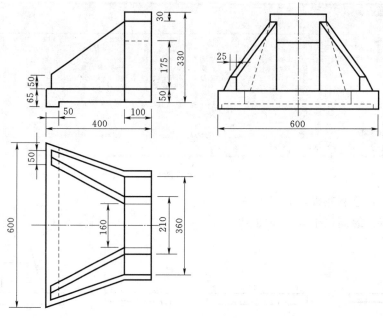

图 50 标注尺寸（单位：cm）

12 ［实训七］水闸设计图

第一步：概括了解，如图 51 所示。

水闸是在防洪、排涝、灌溉等方面应用很广的一种水工建筑物。通过闸门的启闭，可使水闸具有泄水和挡水的双重作用；改变闸门的开启高度，可以起到控制水位和调节流量的作用。

水闸的组成如下：

（1）上游段。上游段的作用是引导水流平顺地进入闸室，并保护上游河床及河岸不受冲刷。上游段包括护面、上游翼墙及两岸护坡。

（2）闸室段。闸室段起控制水流的作用。它包括闸门、闸墩（中墩和边墩）、闸底板，以及设置在闸墩上的交通桥、工作桥和闸门的启闭设备等。

（3）下游段。下游段的作用是均匀地扩散水流，消除水流的能量，防止冲刷河岸及河床。它包括消力池、海漫、下游防冲槽、下游翼墙及两岸护坡等。

第二步：绘图。

绘图时将水闸分为三个部分：①上游段；②闸室段；③下游段。

绘图单位：以 mm 为单位。

图幅与比例：A2 图幅，打印比例 1：100。

（1）绘图环境。调用"水工样板图"开始新图；设置图形界限为：42000×59400（A2×100）；修改标注样式的"标注特征比例"为 100；图层设置如图 52 所示。

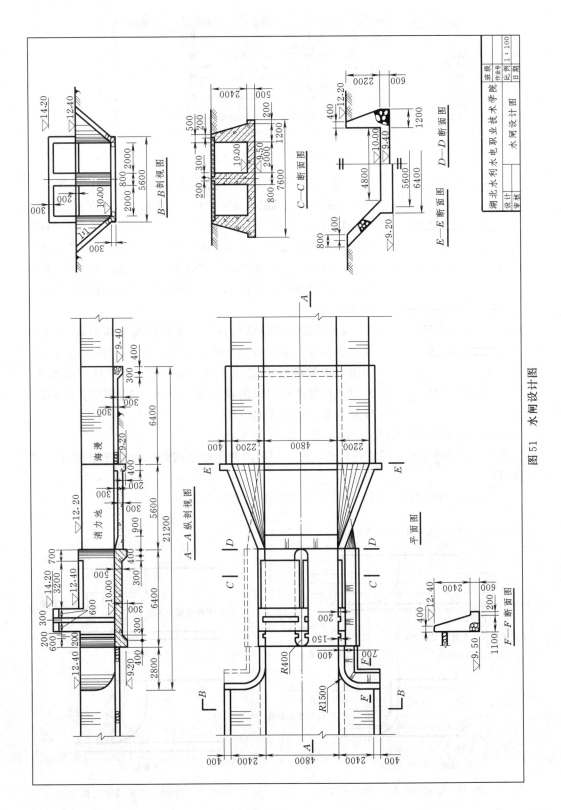

图51 水闸设计图

名称	开	在	锁	颜色	线型	线宽	打印样式	打
0	☼	○	☐	■白色	Continuous	—— 默认	Color_7	🖶
尺寸	☼	○	☐	■绿色	Continuous	—— 默认	Color_3	🖶
点划线	☼	○	☐	■红色	ACAD_ISO04W100	—— 默认	Color_1	🖶
轮廓线	☼	○	☐	■白色	Continuous	▬]…毫米	Color_7	🖶
填充	☼	○	☐	■9	Continuous	—— 默认	Color_9	🖶
图框	☼	○	☐	■白色	Continuous	—— 默认	Color_7	🖶
文字	☼	○	☐	■绿色	Continuous	—— 默认	Color_3	🖶
细实线	☼	○	☐	■白色	Continuous	—— 默认	Color_7	🖶
虚线	☼	○	☐	☐黄色	ACAD_ISO02W100	▬]…毫米	Color_2	🖶

图 52 图层设置

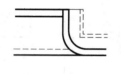

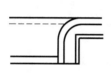

图 53 上游段的平面图绘制

（2）绘制上游段。它包括浆砌块石护面、岸坡、圆柱翼墙。上游段的细部结构及尺寸见 B—B 和 F—F 两个断面图。

1）点击图层特性管理器，将"中心线"层作为当前图层，绘制平面图的轴线。再分别转换"粗实线""虚线"层为当前图层，绘制上游段的浆砌块石护面、岸坡和圆柱翼墙。注意使用镜像命令，简化作图。上游段的平面图绘制如图 53 所示。

2）绘制上游段纵剖视图。根据岸坡顶部标高 12.4m 及底部标高 10m，可知上游护坡的高度为 2400mm，而平面图中护坡的投影宽为 2400mm，则知该护坡的坡度为 1：1，且浆砌石护面的厚度为 300mm。绘图中，注意圆柱翼墙部分相贯线的绘制。

方法 1：利用相贯线方法准确作图，如图 54 所示。

方法 2：先确定相贯线的起始点，然后利用倒圆角命令或画弧命令近似作图。如图 55 所示。

3）绘制上游段的左视图，即 B—B 剖视图，如图 56 所示。

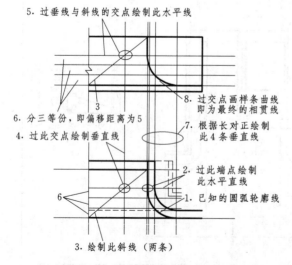

图 54 绘制圆柱翼墙的准确做法

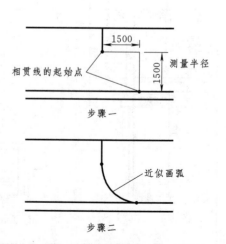

图 55 绘制圆柱翼墙的近似做法

234

4）上游段绘制完成，如图 57 所示。

（3）绘制闸室段。闸室总长 6.4m，宽为 4.8m，由两孔组成，每孔净宽 2m。闸墩厚 80cm，两端均做成半圆形，闸墩上有闸门槽及修理门槽。闸门为平板门，在闸墩上面有交通桥和工作桥。底板材料为钢筋混凝土，厚 50cm，前后设有齿坎，以防止水闸滑动。图中采用了拆卸表示法，启闭机械等未画出。绘制时，闸室的细部结构及其尺寸见 C—C 断面如图 58 所示。

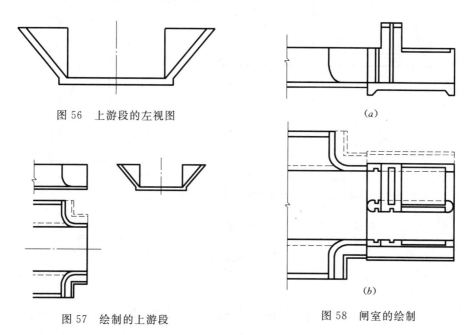

图 56　上游段的左视图

(a)

图 57　绘制的上游段

图 58　闸室的绘制

(b)

（4）下游段的绘制。在闸室的下游，连接着长为 5.6m 的消力池，其两侧挡墙做成扭曲面型式，使过水断面由矩形逐渐过渡到边坡为 1∶1 的梯形断面，以达到扩散水流的目的。消力池后连接着长为 6.4m 的海漫，其底为浆砌块石，海漫末端设高为 60cm 的防冲齿坎。下游段的细部结构及其尺寸参见 D—D 和 E—E 两个断面图，如图 59 所示。

（5）三个断面图的绘制。F—F 断面是表达上游段翼墙的断面型式；C—C 断面是表达闸室的断面型式；D—D 和 E—E 断面分别表示消力池和海漫的断面型式，由于视图对称，采用了复合视图的表达方法，如图 60 所示。

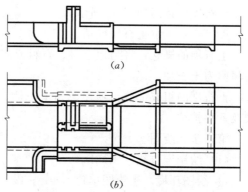

(a)

(b)

图 59　水闸平面图、纵剖视图完成
(a) A—A 纵剖视图；(b) 平面图

（6）其他。在相应图层绘制示坡线（打印比例为 1∶100，示坡线间距为 100）；

填充材料图例和插入其他自定义的建筑图例（插入比例 1∶100）。

（7）图形标注。在相应的图层进行尺寸标注、文字注写（注意相应的文字高均应放大 100 倍，以保证打印出图的要求）及折断线的绘制等。

（8）插入图框。插入 A2 的图框（插入比例为 1∶100）并填写标题栏。

（9）检查并保存图形，打印输出。

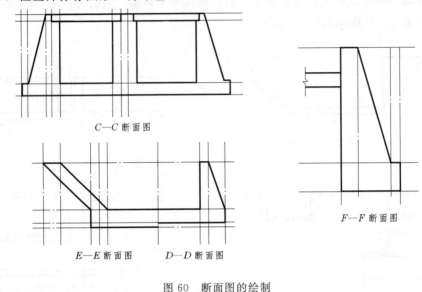

图 60   断面图的绘制

13 ［实训八］土石坝设计图

土石坝设计图如图 61 所示。

第一步：了解土石坝概括。

土石坝的概念：将当地土料、石料或混合物，经过抛填、碾压等方法堆筑成的挡水坝称为土石坝。

土石坝的组成部分：坝顶、黏土心墙、排水设施（堆石棱体－详图 B）、上游护坡及下游护坡。

第二步：绘图。

（1）绘制定位线（图 62）。

1）绘图环境。①绘图单位：mm；②图幅：A3 图幅。

2）绘制坝顶和大坝轴线，再确定上、下游各高程的定位线。

（2）绘制上、下游各高程段的坡面线（图 63）。

（3）绘制防浪墙、黏土心墙等大坝断面主要轮廓线（图 64）。

1）绘制详图 A 和 B，如图 65 所示。

2）按比例缩放。将最大横断面图按 1∶1000 的比例缩小，将详图 A 和 B 按 1∶200 的比例缩小，再将缩小图形均匀布局在 A3 图幅，如图 66 所示。

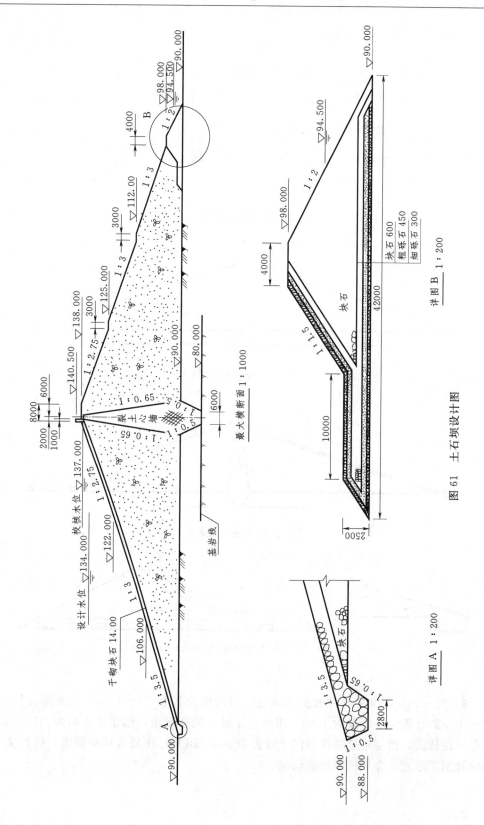

最大横断面 1：1000

图 61　土石坝设计图

详图 B　1：200

详图 A　1：200

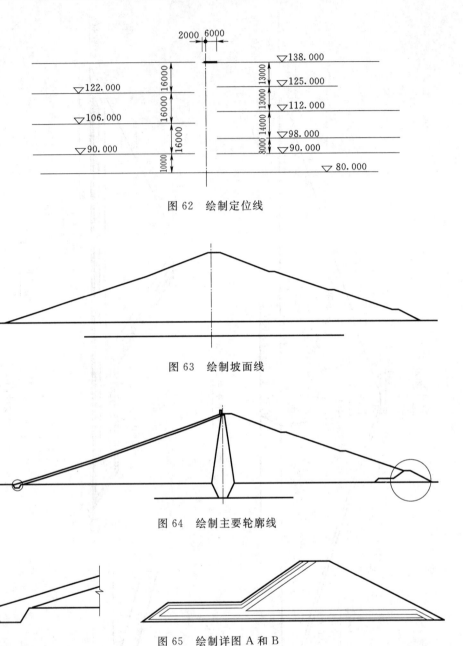

图 62 绘制定位线

图 63 绘制坡面线

图 64 绘制主要轮廓线

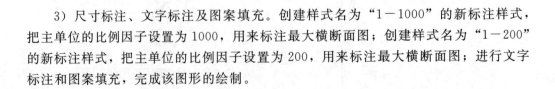

图 65 绘制详图 A 和 B

3）尺寸标注、文字标注及图案填充。创建样式名为"1－1000"的新标注样式，把主单位的比例因子设置为 1000，用来标注最大横断面图；创建样式名为"1－200"的新标注样式，把主单位的比例因子设置为 200，用来标注最大横断面图；进行文字标注和图案填充，完成该图形的绘制。

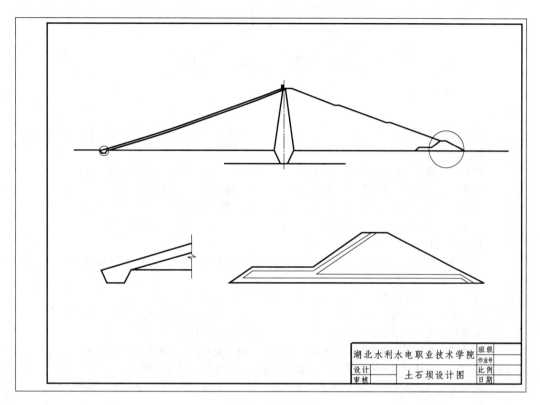

图 66 布局图形

239

参 考 文 献

［1］　吕秋灵，郑桂兰，等．画法几何及水利工程制图［M］．6 版．北京：高等教育出版社，2015.

［2］　唐克中，郑镁．画法几何及工程制图［M］．5 版．北京：高等教育出版社，2017.

［3］　朱泗芳，徐绍军．工程制图［M］．4 版．北京：高等教育出版社，2005.

［4］　宋子玉，姚陈．工程制图基础［M］．北京：高等教育出版社，1999.

［5］　陈文斌，顾生其．建筑工程制图［M］．6 版．上海：同济大学出版社，2015.

［6］　杨昌龄．工程制图［M］．3 版．北京：水利电力出版社，1991.

［7］　许睦旬，徐风仙，温伯平．画法几何及工程制图习题集［M］．5 版．北京：高等教育出版社，2017.

［8］　邹保华．水利工程制图［M］．北京：中国水利水电出版社，1998.

［9］　河海大学．画法几何及水利工程制图［M］．6 版．北京：高等教育出版社，2015.

［10］　朱育万，等．土木工程制图［M］．北京：高等教育出版社，1997.

［11］　何铭新，钱可强，徐祖茂．机械制图［M］．7 版．北京：高等教育出版社，2016.

［12］　董国耀．机械制图习题集［M］．2 版．北京：高等教育出版社，2019.

［13］　同济大学建筑制图教研室．画法几何［M］．6 版．上海：同济大学出版社，2020.